初歩から学ぶ生物学

池田清彦

初歩から学ぶ生物学

目　次

扉イラスト　村木　豊

はじめに

近年の生物学の進歩の速度は凄《すさ》まじく、その知識の総量は膨大である。すべてを知っている人は誰もいない。生物学の専門家といえども、詳しいのは自分の研究する狭い分野の知識だけで、少し離れた分野になると、細かい知識は知らない方が普通だろう。

何であれ、ものごとは知らないよりは知っている方がよいには違いないが、人間の脳の容量には限りがあり、すべてを知ることは不可能だ。だとしたら、重要なことから知ればよい。細かいことは知らなくとも、専門家が自分の周辺分野の本を読んだり話を聞いたりして、大体のことを理解できるのは、基礎がしっかりしているからだ。基本的な考え方あるいは学問の原理と言い換えてもよい。

だから一般の人でも、基礎さえ理解していれば、専門論文は無理でも、新聞の生物学関連の記事や、一般向けの生物学の本を、より興味をもってより深く読むことができるはずだ。コマ切れの断片的な知識は深い理解のためにはあまり役に立たない。体系づけられていない知識は覚えることすら難しい。

生物学は原理・原則が希薄な学問と思われることが多いが決してそうではない。複雑すぎて、物理学や化学のように単純な数式に書けないだけだ。しかし、それは無理ということとは異なる。生物には無生物とは違った原理があるはずだ。本書は、私なりに考える生命の原理を、なるべくわかりやすい言葉で語ったものだ。

具体例を厳選して、なるべく単純な話で生物学の原理を理解できるようにしたつもりだ。生物学を習ったことがない人でも二日で読めるに違いない。だからと言ってレベルが低いということではない。扱っているのは、生命論、生態学、発生学、進化論、分子生物学等々の各分野のホットな話題である。

第一章は「生命についての素朴な疑問」。私たちはすべて生きているので、生きているとはどういうことか、直感的にはわかっているに違いない。しかし、生命を厳密に定義しようとすると、これがなかなかやっかいなのだ。むしろ、明確に定義できないことこそが、生命の本質かもしれない。定義するということは不変の何かを探しだして、それを言い当てることだ。しかし、生物は刻々と変化していく。だから生命（生物）を定義するには、変化し続ける生物の中から不変の何かを見つけなければならない。不変の何かを見つけて記述した人はいない。もしかしたら、不変の何かなどはないのかもしれない。たとえば、あなたは生まれた時から今に至るまで、ずっと自己同一性を保っていると思っているだろう。しかし、脳の構造も脳を構成する物質もどんどん変化するのだから、不変の自己同一性などというのは、多分いつわりなのだ。

変化する中から、影のように浮かんでくる不変、恐らくそこに生命の本質があるのだと思う。第一章は、その話を軸に展開する。応用問題として、「環境」及び「心」についても論じた。この二つを論じる時に注意しなければならないことは、「環境」も「心」も不変の実体ではないことだ。環境や生物多様性、種などを保護すべき実体と考えてしまうと、環境原理主義になってしまう。「心」も同じである。「心」は脳の機能すなわちことであって実体といったものではない。第一章の最後で「死」について論じた。バクテリアや最も原始的な原生動物（たとえば、アメーバ）は原則として不死である。死は、生物が性を獲得したこととさらには多細胞になったことと関連している。死がなければ、性も心もないのだから、人が死ぬのは仕方がないのであろう。

第二章は「生物の仕組み」。単細胞の受精卵が発生を始めて、細胞の数を増やしながら形をどんどん変化させ、最終的に親と大体同じ形になるのは、昔も今も生物学最大の謎である。DNAの中に形を決定する設計図が入っていて、設計図どおりになると思っている人もいるであろうが、どうやら事はそんなに単純ではないらしい。一八世紀の主流の生物学者たちは、卵の中に小さな生物が入っていてそれが展開して親になると信じていたという。

ＤＮＡが形を決定すると思っている人たちは、卵の中には小さな生物ではなくＤＮＡで書かれた設計図が入っていると考えているのだろう。しかし、ショウジョウバエのＤＮＡを人工的に変化させても、奇形のショウジョウバエは作れても、ショウジョウバエ以外のハエにはならないから、ショウジョウバエを作る基本的な要因はＤＮＡ以外のところにもあるのかもしれない。あるいは、昆虫の複眼と哺乳《ほにゅう》類のレンズ眼は同一の親玉遺伝子が作動することにより作られる。同じ遺伝子が違う形を作るのは、遺伝子の情報を解釈するシステムが異なるせいかもしれない。

第二章では生態学関連の話題として生物多様性と生存競争を取り挙げた。熱帯にはなぜ生物の種類が多いのだろう。他の生物に比べ、昆虫だけが無闇に種類数が多いのはなぜか。あるいは生存競争の実態はいかなるものか等について私の考えを述べた。第二章の最後は「性」について論じた。人では割合厳密に性が決まるが、他の生物では性決定の様式はかなりいい加減である。後天的な要因が性決定に関与している生物も多い。人の性転換はみてくれだけでも難事だが、ある種の魚は自然にしかも生殖機能までちゃんと性転換することができるのだ。

第三章は「進化と由来の不思議」。生物の系統と進化の話である。近年、ＤＮＡを解析することにより生物の系統がかなり正確に推定できるようになった。昔は形態の類似により系統を類推する以外に方法がなかったため、中間の化石が出土しない生物たちの系統を推定することは難しかった。DNAを解析することにより、クジラはカバに近縁であるといったびっくりするような事実がわかってきた。実にクジラは偶蹄《ぐうてい》類なのである。

それでわかったことは、形態が似ているからといって、必ずしも系統が近いとは限らないことだ。生物はある時点で急激に進化して、元の系統を離れて全く別の形態をもつものに進化することができるみたいだ。人の進化もそういった例のひとつではないかと私は思っている。

第三章では生物種の大量絶滅についても論じた。先カンブリア時代の末期以後六回の大量絶滅があったが、その原因は大規模な地殻変動に伴う火山の破局噴火や大隕石の衝突といった地球規模のカタストロフィである。それに比べれば人為的なCO_2の増大などは大した問題ではない。

第三章の最後では人類の進化についてかなり詳しく述べた。この分野の知見は日進月歩で、現代人のDNAにはネアンデルタール人やデニソワ人といった先史人類のDNAが混入していることが分かってきた。本書では現時点での最新の知見を紹介した。

第四章は「病気のなぞ」。昔は病気と言えば感染症であった。今は、がんをはじめとするいわゆる成人病が先進国の死因の大部分を占めている。成人病は生活習慣病とも言われているが、体質すなわち遺伝的素因も発病に大いに関係している。この章ではがんや遺伝病の基本的知識を述べ、将来の治療の見通しや、遺伝子診断が現実のものとなった際の社会的問題についても論じた。一滴の血液で将来発病するであろう病気が全部わかってしまう社会は、はたしてバラ色の社会なのだろうか。

第四章ではまた、ｉＰＳ細胞やゲノム編集について分かり易く解説し、将来、医療に応用される可能性について述べ、ＡＩの発達が医療現場を激変させる見通しを述べた。

第一章　生命についての素朴な疑問

一　生きているってどんなこと？

先人たちの悩み

「生きているとは何か」「生命とは何か」という疑問は、昔から多くの人の関心事であった。この疑問に答えることは難しい。

古代キリスト教の思想家アウグスティヌスは、「人は、時間について尋ねられなければ、みな時間を知っているが、時間とは何かと尋ねられると、誰も時間について話すことはできなくなる」と述べている。「生命とは何か」「生物とは何か」という疑問もこれと似ている。たとえ生物学者であろうと、「生命とは何か」と尋ねられれば、簡単に答えることはできない。

その昔、「生きている状態」と「生きていない状態」との間には根本的な違いがあり、その違いは単純に「魂のようなもの」の有無にあると考えられていた。この考え方を「生気論」という。プラトンは、形あるものをそのものたらしめる本質を「イデア」と呼び、それ自身としてイデアは独立して実在すると考えていた。ヒトはヒトのイデアがとりつくことによりヒトになり、ヒトのイデアが離れれば形あるものとしてのヒトは死んでしまうと考えた。生気論に近い考えである。

ルネサンス後、科学が発達してくると、生物も機械などと同様に物質でできていることが次第に理解されはじめる。この頃、デカルトなどが、「生物といえどもすべては非常に複雑な機械である」という「機械論」を提唱した。その後、さらに多くのことがわかってくると、「生物はやはり機械のように単純なものではない」という意識が広まりはじめる。デカルトでさえ、ヒトの心は体とは別だと考えていた。その結果、生物についての考え方は、①生物は本当に複雑な機械なのか、それとも機械以上のものなのか、②機械以上のものだとしても、魂や生気のようなものを物質とは独立に想定しないと説明できないのかという疑問に応《こた》えるかたちで発展してきた。

現代生物学はどの立場をとっているのだろう。端的にいえば、「生命や心や魂が存在するとしても、それ自体として独立に存在しているわけではなく、物質からできている生物に附随して存在していることは間違いない」という立場をとっている。そう思わなければ、科学や生物学はその存在意義を失ってしまう。霊魂や生気が物質とは独立に存在するならば、科学者や生物学者は、物質としての生物を調べる意味がなくなるからだ。

生物と機械の違い

「生物は物質からできている」という立場をとる現代生物学は、「物質がどのような状態で存在していると、そこに生命という現象が出てくるのか」――つまり「生物を構成する水、タンパク質、脂質、糖質、核酸（DNA）などの複雑な要素が、どのように相関しているのか」を解き明かし、そこから「生きているとはどんなことか」を一般の人が納得できるようなかたちで説明しようとしている。

一方、コンピュータや自動車などの機械も物質からできている。まず、機械と生物とは何が違うのかを考えてみなければならない。両者には似ているところもある。自動車でも生物でも、外部からエネルギーを取り入れ、それを何かに変換して出力するという構造になっている。ではどこが違うのか。さしあたって違うところは、生物には自律性があるが、自動車には自律性がないことだ。

当の生物がそれを理解しているかどうかは別にして、生物とは、外から何かをしなくても自分で勝手に動く。自動車は運転する人がいてはじめて動くものである。自動車に限らずコンピュータでも同様で、人が何かを入力してはじめて動き、コンピュータ自身が勝手に何かをすることはない。生物と機械の機能を比べてみると、自律性のあるものが生物で、自律性のないものが機械であるといえそうである。

自律性がありさえすれば生物かというと、そうともいえない。太陽光をエネルギー源として動く機械を考えてみよう。集光器があって、適当な制御プログラムを組み込めば、勝手に動く機械を作ることはできる。

しかし、その場合でもこの機械は人間が組み立てたものである。最近は自動運転の車も開発されているが、作ったのは人間である。この点が生物と機械の一番大きな違いであり、機械は、自分を構成しているものを自分で作らないが、生物は自分で作る。もちろん、どちらも物質でできているという点では同じといえば同じだが、機械はシステムを自分以外の他者が作り、生物はシステムそのものを自分が作る。

傷の治療を考えてみよう。コンピュータは古くなったり壊れたりしても、自分で自分を新しくしたり修理することはできない。誰かが直してやらなければならないが、人間をはじめとする生物の場合、多少の怪我や病気であれば自分で自分を治す能力がある。自分で自分を治すことは、システムそのものを自分で構築することができることと表裏一体なのである。

自動車のシステム、たとえば、エンジンは最初に作られたきり、どんどん古くなるが、エンジンを構成する物質自体は変化しない。

生物もエンジンと似たエネルギー変換システムを細胞内部にもっているが、機械のエンジンと違ってシステムを構成する物質自体が変わっていく。

現在、人間は精巧なロボットを作ることができるようになった。しかし、システムを作っている物質自体を変えていくような機械（つまり生物）はまだ作ることができない。どんなに精巧なロボットを作っても、ロボットはあくまでも作られたままである。生物は、見かけはさして変わらないように見えても、体を構成しているタンパク質などは日々変化している。

人間の場合、最も変化のない部位は骨である。死んでも骨だけは残ることを考えても、骨という物質がなかなか変化しないことはうなずける。しかし、骨といえども生きている限り、七年ぐらい経つと物質がすべて入れ替わる。骨でさえ七年なのだから、一〇年前の自分と今の自分は、全く違う物質でできていることになる。皮膚や細胞をはじめ、食道や胃も日々新しくなっているのだ。

生物というシステム

生物は、内と外の境界が必ず存在する、あるまとまりをもった物体でもある。「あるまとまりをもつ」という点では、自動車などをはじめ、私たちが普段「物体」といっているものもみな同じである。英語では社会的な組織でさえ、普通は生物を意味する「オーガニズム」「オーガニゼーション」という言葉で呼ぶ。

しかし、国家の場合、どこからどこまでが境界なのか厳密にはわからない。「ここからここまでが日本だ」とはいうが、日本の首相がアメリカに行った時でも、彼は日本人ではないのかといえば、やはり日本人である。つまり、社会システムは、物質的な境界がはっきりしない。

一方、生物は境界が非常にはっきりしている。どこからが生物でどこからが生物ではないのかはすぐわかる。人間には皮膚があり、小さなバクテリアでも膜という境界面があって内と外がはっきりしている。これはどの生物についても必ずいえる。

境界の外で起きる出来事は、完全に物理化学の法則に支配されている。境界の中で起きる出来事も物理化学の法則に支配されているが、生物の場合、その法則が、素人目には物理化学よりも少し複雑なルールをもつように見えるかもしれない。

ある意味では、一般の物体よりも高次で複雑なルールをもっている点こそが、生物の特徴なのである。一見、機械も高次で複雑なルールをもっているかに思えるが、コンピュータのルールは、すべて一意に決められているにすぎない。

物理化学の法則とは、基本的には不変のルールである。生物も物理化学の法則に従っているが、その法則を少し限定して、できるのにやらないという性質をもっている。「何でもできる」となれば、物理化学の法則に従って最も安定な状態になってしまうが、「あることはやらない」と決めれば、そこに少々不安定な所にとどまるという形の秩序ができる。秩序とは、一見、新しく複雑なルールのように思えるが、実は物理化学の法則の一部だけを限定して、その他のことはやらないと決めることなのである。

将棋のルールを考えてみると、駒は、物理化学的には盤の外にも行けるが、それを禁止することではじめてゲームが成立する。「何かをやらない」とは、要するに枠をはめることである。そのルールがあることにより、物事に複雑さが生まれてくる。生物といえども物理化学の法則に従ってはいるが、もしもその法則にまかせたままであれば、最後は最も安定的なところに落ちついて終わってしまう。高次のルールとは、物理化学の法則のうち、一部を禁止することではじめて生まれてくるものなのだ。

一般的に生物とは、物理化学の法則の上に霊魂が付いたものであるとか、あるいは物理化学の法則の上に創造主が複雑で見事なルールを被《かぶ》せたものであると思われているのかもしれないが、そうではない。物理化学の法則とは矛盾しないのだが、できることの一部を禁止することで成り立っているのだ。このような非常に奇妙な仕組みこそが、「生きている」ということの本質なのである。

自己同一性の維持

もう少し、「生きている」とはどういうことかを考えてみよう。人間は一〇年前と今とでは自己を形成する物質がすべて変わってしまっている。にもかかわらず、「自分は自分だ」と認識している。つまり、「自己同一性」という意識をもっている。変化しているにもかかわらず、なぜ「自己同一性」が生じるのか。人間以外の生物も意識よりもう少し低いレベルで自己同一性を維持しているように見える。

　時計ならば、多少酸化したり、古くなって傷付いたりすることはあっても、一〇年前と今とで時計を構成する物質は基本的に変わらないので「同じだ」といえる。ところが、生物は自分を構成する物質をどんどん変えながら、なおかつ全体としては同じという奇妙な「空間」なのである。しかも、自身と外との関係を不変に定めない暫定的な状態のまま、その都度内と外を確定しつつ自分自身を保っている。本当は変わっているにもかかわらず、同一状態を保っているかのような〝モノ〟なのだ。

　これを、「オートポイエーシス」といい、ギリシャ語で「自らを作る」という意味である。生物はあらゆる意味で自分で自分を作り、それを常に現在進行形で行っている。自分はいつも自分なのだが、「これが自分だ」という時点がなく、明日になれば自分が変わってしまう。それでも自分を維持する作業を続けている。これが生物であり、その特徴の根底をなしているのが、「物質が循環する」ということなのである。

　ここでいう循環とは、単に外から来たものが中でぐるぐると回って外に出ていくことではない。自分を構成しているモノ自身をその都度変えていくという循環である。一番簡単な例を挙げると、私たちはブドウ糖を体内で分解することによりエネルギーを作り出している。しかし、単にブドウ糖をあるシステムの中に入れて分解し、そこからエネルギーを取り出しているのではなく、分解したブドウ糖にある物質をくっ付けることでシステムそのものの物質を変化させている。

もう少し詳しく説明すると、ブドウ糖は最終的に「ピルビン酸」という形で回路（クエン酸回路）に放り込まれる。仮にA、B、C……という物質があるとすると、ピルビン酸をAという物質にくっ付けてBという物質を作り、次々と物質を変えていき、最後にまたAという物質に戻ってくる。AがBになり、Cになり、Dになり、Eになるというように、ぐるぐる回りながら、最後にもとのAに戻る。結果としてはピルビン酸が消えて水と炭酸ガスになっているというサイクルである。

これが自動車ならば、ピストンやエンジンはガソリンとは全く違った物質でできている。ガソリンはエンジンの中で燃えるだけで、最終的には水と炭酸ガスになる。人間も、たとえばブドウ糖を燃やして、最終的に炭酸ガスと水に変換するという点では同じである。しかし人間の場合には、入ってきた物質が次々と何か別のものになり、一方では物質の連なり自体がピストンでありエンジンの一部であるという仕組みになっている。

成長と老化

このように、システム自体がリジッド（固定的）なものでなく、次々と変わりながら、なおかつそれ自身がシステムである点が生物の非常に奇妙な特徴なのである。システムを一巡して入ってきた物質が消えるという意味では、最初と最後だけを見ると、自動車の中に入れたガソリンが、最後は炭酸ガスと水になるという結果と同じである。しかし、自動車と生物とでは内部のミクロ部分が全く違う。

現実はさらに複雑である。もしも生物がこのようなサイクルを永遠に繰り返しているだけのものであれば、生物はいつまで経っても不変ということになってしまう。先に紹介したブドウ糖のサイクルは、「TCAサイクル」とか「クエン酸回路」などと呼ばれ、高校の教科書にも掲載されているエネルギーを取り出すための最も単純な回路である。これと同じような回路が、体の中にはたくさんある。それらの回路は、霊魂や生気などとは関係なく、すべて物質で説明できる。

私たちは、そのような回路を生まれた時から死ぬまでもっている。回路は不変だが、自分自身は徐々に変わっていく。人間をはじめほとんどの生物は、次第に年を取って老けてゆき、最後には死んでしまう（年を取らない生物については、本章第四節を参照）。ただ同じように回路を循環させているだけなら、年を取る必然性はない。事実、TCAサイクル自体は、一歳の時も一〇〇歳の時も変わらない。しかし、一〇〇歳の人と一歳の人が全く違うという事実は、両者の間で回路以外の何かが変わってしまうことを意味している。

個体レベルで起きる場合には、通常それは成長や老化という現象になる。若い時であれば成長で、あるところまでいくと老化ということだ。

何度も述べているとおり、生物は内と外との境界を次々と変えながら自分自身が変わっていくシステムをもっている。生物は発生の初期段階では一個の細胞が次々と分裂して発生してゆく。内側をどんどん膨らませて、外に膨張あるいは侵食していくようなシステムを取る。そのうち、あるところまでいくとその膨張が止まり、最後は必ず自己崩壊して死ぬ。自己同一性を維持しながら、徐々に変わっていくのだ。

この、最後まで自己同一性が保たれているという側面と、先に述べた外からの指令や命令がなくとも、勝手に成長して勝手に死んでしまうという側面の両方が、「生きている」ことの本質であり、そういった性質を有している空間を、私たちは「生物」と呼んでいるのである。ルールという言葉を使えば、生物は何らかのルールを有しつつ、ルール自体が変化してしまうシステムである。

奇妙な生物クマムシ

生物の個体は次々と発生してゆき、最後は死ぬ。ところが、あるシステムをもっている生物自体の空間が、途中で分かれてしまうことがある。これを「繁殖」という。分かれる前のものと分かれた後のものはそれぞれ独立しているので、前者のルールと後者のルールは違ってくる可能性があり、そこに「変異」という現象が出現する。同じ空間ですべて繋《つな》がったままならルールは変更されても、生物は何種も生まれてこない。生物の多様性には、繁殖と変異の二つが必要なのである。

生物は、今から約三八億年前に発生したといわれている。当時の生物がオートポイエティックなシステムで、ただひたすら内と外との境界を変化させながら、自分自身のルールに従っていたのであれば、生物はいつまで経っても、大きくなったり小さくなったりするだけの、一個の個体にすぎない。一個の生物が二個になるためには分裂が必要である。つまり生物は、オートポイエティックな空間を維持しつつ、それを二つに分離させることができる能力をどこかで手に入れたのだろう。分離をすれば、当然そこには変異が生じてくるため、現在見られるような多様な生物ができてきたと考えられる。その後、さまざまなルールが加わり、生物は多様な特徴をもつことになるのだが、基本的には、これが「進化」なのである。

オートポイエティックなシステムやルールは誰がどのように作ったのだろうか。あるいは、何が原因でそのようなシステムやルールができあがったのか。この問題を解明しない限り、結局、生物は神が創ったのではないかという話になりかねない。

この問題を解き明かすカギをもつ虫がいる。クマムシである。

厳密には、クマムシは虫ではない。系統的には、昆虫やザリガニなどの節足動物にかなり近いが、節足動物よりもう少し原始的だと考えられている生物である。

クマムシは、土の中や屋根の雨どいの落ち葉溜《だ》まりに棲《す》む多細胞生物で、肉眼でもやっと見えるかどうかという大きさしかない。乾燥に非常に強く、乾燥すると胞子のように縮こまってカチカチになることが昔から知られていた。そのような状態になったクマムシは、一〇年程経っても変わらずに死んだようなままなのだが、水を一滴垂らして温度を上げてやると再び動き出す。

生物は必ず代謝や循環を行っているため、かつての生物学者たちは、乾燥状態のクマムシも、生物である以上、他の生物と同じように最小限の物質代謝が保たれていると思っていた。

哺乳《ほにゅう》類や両生類をはじめ、休眠をする生物はかなりいる。しかし、冬眠中のクマやカエルはその間にも呼吸をしていないのかといえば、それはありえない。代謝が極めて少ないカエルでさえ、代謝を止めるわけではなく、ほんのわずかだが代謝をしている。実際、冬眠後のカエルの体重を量ってみれば、冬眠前よりも減っている。

乾燥状態のクマムシを入れた実験槽に酸素を入れてやると酸素量が若干減るため、当初は他の生物と同様に、クマムシも最低限の代謝をしていると思われていた。ところが実際は、乾燥したクマムシは全く代謝をしていないらしいのだ。

生物が生存状態を保つためには、通常六〇〜七〇パーセントぐらいの水分含量が必要となる。人間の場合、成人の体の六割は水である。クマムシも通常、八割は水である。ところが、乾燥したクマムシの水分含量は三パーセントぐらいしかない。乾燥状態のクマムシは常識的には生きていないのだ。普通の休眠と区別して、このような状態は乾眠《かんみん》（クリプトビオシス）と呼ばれている。

乾眠状態で最長一二〇年？

酸素呼吸をする生物は代謝のために酸素を使うので、代謝がゼロならば、酸素は必要ない。むしろ真空状態に置かれていたクマムシの方が、酸素を与えたものより水をかけた場合の蘇生《そせい》率が高いという実験結果がある。なぜ真空状態に置いたクマムシの蘇生率が高いのだろうか。実は、酸素は生物の細胞にとって有害なのである。

酸素はいろいろな物質にくっ付いて、その物質の働きを止めてしまう性質をもっている。しかし、少し前までは酸素が生物の細胞にとって有害だということがよくわかっていなかった。たとえば、呼吸がうまくできない新生児に対して、保育器の中を酸素で満たせば満たすほどよいと思われていたが、その結果、失明してしまった子供がたくさんいた。発生途上の網膜に酸素がダメージを与えていたのである。

乾眠状態のクマムシを入れた実験槽の酸素がなぜ減ったのだろうか。それはクマムシの体内の物質が酸化された結果、酸素が減ったのである。このようなクマムシは蘇生率が低くなる。逆に、真空状態に置いたクマムシは、酸素によるダメージを受けないので蘇生率が高い。つまり、普通であれば絶対に死んでしまうような状況（真空状態）に置いておいたクマムシのほうが、ダメージが少ないぶん蘇生率が高いのである。

この他にも、クマムシを使ってさまざまな実験が行われた。乾眠状態でカラカラになったクマムシを、一二〇℃ぐらいに温度を上げた場所に何分間か放置したり、今度はそれをマイナス一九六℃の液体窒素の中に入れてみたりした。ところが、何をしてもクマムシは死なずに蘇生するのである。もちろん、乾眠状態になっていないクマムシなら死んでしまうのだが、乾眠状態になったクマムシはある意味では不死身なのだ。

では、クマムシはどのくらい乾眠状態を続けられるのか。最長で一二〇年という記録がある。博物館で苔《こけ》を調べていた人物が、たまたまそこに乾眠状態になったクマムシが付着しているのを発見し、その苔が一二〇年前の標本だったために、クマムシも苔と一緒に一二〇年前に乾燥されたものと考えられた。そのクマムシに水を垂らしたところ、生き返ったという記録があるが、否定的な意見もある。しかし、少なくとも一〇年くらい経ても蘇生可能なことは確かなようだ。

なぜ、クマムシはそれほどの長生きができるのだろうか。通常、クマムシの形は立体なのだが、水分が抜けていくと、写真機の蛇腹のように体が縮んでいく。その際、クマムシは水分の代わりに「トレハロース」という糖を作り、そのトレハロースの中に高分子が通常の状態と同じ位置関係ではり付いていく。つまり、水分が抜けても糖、核酸、タンパク質といった物質の位置関係が生きている状態と全く変わらないまま保たれるのである。通常、それらの物質は、水という流動的な状態の中で、お互いにコミュニケーションしながら代謝や循環などを行っている。クマムシは水の代わりに固体であるトレハロースの中に、物質をはり付けていくことができるのだ。そして、水を垂らしてやると、糖であるトレハロースが溶けてエネルギー源になり、再び代謝が始まるのである。

このような仕組みが見つかったのはクマムシが最初であるが、どうやらそれ以外にも、私たちが原始的だと考えている小さな動物たち、たとえば線虫、ワムシなどは、環境が悪化した時に乾眠状態で生き延びる術《すべ》を開発しているようである。

オートポイエティックな生物

ここで、先ほどの生物のルールの話を思い出してもらいたい。

タンパク質をはじめ、地球上のさまざまな高分子がランダムに動いている状態の時、ある物質たちがある位置関係になったとする。そして、その瞬間に互いを認知して反応し、ぐるっと回るようなコミュニケーション系ができあがったとしよう。たとえば物質の出入りを伴いながら、AがBになり、Cになり、Dになって、Aに戻るという、再帰システムのような系ができたとする。これは一種の閉鎖系となり、とりあえず同じことを繰り返すだろう。

閉鎖系ができた後、今度はDの後にさらにEがくっ付いたり、あるいはDの代わりにPが入ったりといった変化をしながら、生物は徐々に変わっていった。これがオートポイエーシスのシステムの始まりなのではないだろうか。

もう一度クマムシの例を思い出してもらいたい。乾眠状態のクマムシにあるのは物質の配置だけである。それがエネルギー源を得ると生き返るということは、生物とは究極的には物質の配置のことではないか。生物は、もとあった、あるいは誰かが与えたルールに則《のっと》って動いているわけではなく、物質同士がある配置になった時に、自《おの》ずとそこでルールを作ってしまったと考えられる。このように考えれば、ルールを作り上げる神や創造主のような存在は必要なくなる。物質と物質のある特殊な配置をもとにして、オートポイエティックなシステムを作り出してきた系がすなわち生物と呼ばれるものなのだ。システムは一回できあがれば、再帰システムにより循環し、壊されない限りは続く。生物はそのように「生きている」ということを開発し、それを今日までずっと保ってきたのである。

生物は約三八億年前に生まれて以降、その後もずっとオートポイエティックなシステムだけは絶対に手離さず、それをただひたすら空間から空間へと伝えていった。そう考えれば、遺伝を考えるうえで一番重要なものは、DNAというよりもそのようなシステムそのもの、つまり生きていること自体なのである。単純にいえば、DNAが遺伝されるのではなく、オートポイエティックなシステムが遺伝されてきているのだ。

現在でも、小学校や中学校の教科書では、「父親の精子と母親の卵《らん》が合体して、新しい生命が誕生する」などと記載されているが、それは誤りである。生命はすでに三八億年前に誕生しており、その生命が今もただ継承されているだけであって、精子と卵が合体した時にはじめて誕生したわけではない。精子も卵もそれ以前に生命なのである。

「生きているとは何か」「生命とは何か」という疑問を、科学や生物学で説明しようとすると、以上のような結論を導くほかない。それが嫌だという人は、人間には霊魂があり、死んだあとも霊魂が残るというような考えを取るしかない。

もちろん、そう考えるのは個人の自由であり、それで世の中が説明でき、自分が納得できればいいのである。しかし、生物学の立場からは、それは違うといわざるを得ないのである。

二　環境は守らねばならないのか？

環境が激変しても地球は困らない

環境は守らねばならないのだろうか。

普通の人ならば、誰でも「守らねばならない」と思っているだろう。私だってそう思っている。しかし、「なぜ守らねばならないのか」という問題は、かなり難しい。人間をはじめ、生物はすべて地球環境の中で生きており、環境が駄目になれば当然死んでしまう。現在の生物は現在の環境に適応して生きているから、極端にいえば、酸素が今の半分ぐらいに減ったなら、かなりの生物は生きていけない。

しかし、地球の長い歴史から見ると、環境はどんどん変わり続けている。環境変化のためにある生物が死んでも、また新しい生物が出現するサイクルを繰り返してきた。地球全体を考えれば、「地球に優しく」などという標語の下で環境を守らなくても、地球自身にとっては全く関係がない。人間が地球を温暖化させ、温度が五℃や一〇℃上がろうが、炭酸ガスが少し増えようが、地球はいっこうに困らない。

初期の地球上に最も多くいた生物は、シアノバクテリアという光合成細菌である。まずこのシアノバクテリアが、現在の言葉でいうならば地球環境を劇的に破壊した（第三章第一節を参照）。

それまでの地球は、酸素が極端に少ない星であった。ところが、シアノバクテリアが、光エネルギーを使って水と炭酸ガスから酸素と糖類を次々と作り出していった結果、地球上にはどんどん酸素が増え、現在のような星になったと考えられている。ある意味では、シアノバクテリアが地球環境を〝破壊〟しなければ、人間は現代に存在していないということになる。この論理でいえば、人間がどんどん地球環境を破壊すれば、破壊された環境に適した生物が進化してきて、「人間が環境を変革してくれたおかげで、地球は自分たちの星になった」という事態になるかもしれない。

結局、人間にとっての「環境を守る」とは、「人間が一番住みよいシステムはどこにあるのか」という話にならざるを得ないのではないだろうか。

環境問題についての対処の仕方は、昔から、「地球環境や生態系（あるいは生物多様性）そのものに価値がある」とする野生生物中心主義的な考えをもつ人たちと、「生物多様性も生態系も最終的には、人間の生存という視点を抜きにして語れない」という人間中心主義的な考え方をもつ人たちに二分される。もっと極端な考え方は、先の「どれもすべて自然なのだから、人類が絶滅したところで関係ない」というものであるが、それはごく少数派にすぎない。

人間中心主義と生物多様性

「生きている」とは、内と外を区別して、外からエネルギーを取り入れて何かを出力し、いらなくなったもの（廃熱と廃物）を捨てるということである（本章第一節を参照）。毒を食べてしまった場合なども、大抵はその毒を分解して外に出してしまう。これは人間に限ったことではなく、普通の生物もしくは単一の個体はみな同じ仕組みで生きている。

地球の生態系に関しては、エネルギーは基本的に太陽から来る。そして、廃熱は地球外に出してしまう。太陽から来るエネルギーが一定に保たれている場合、太陽から来たエネルギー分の熱を地球外に出すことができれば、地球の生態系は、温度が高くもならなければ低くもならずに安定している。

太陽から来たエネルギーよりも外に出すエネルギーが少なくなると、地球はどんどん暖かくなり、逆に太陽から来たエネルギーよりも余計にエネルギーを外に出してしまえば寒くなる。

生態系と生物個体が異なる点は、生物は廃物を外に出すことができるが、生態系は熱は地球外に排出できても、廃物を生態系の外部に排出するのが難しいという点だ。

生態系はもともと生態系になかった物質が何らかの原因で生態系の中に入ってしまった場合には、これを生態系の外に廃物として出すことは難しいのである。人間が水銀のような有害物質を生態系の中に入れてしまうと、食物連鎖を通してその物質は生態系の中をぐるぐる回り、結局生態系の中からなかなかなくならない。人間が毒物を直接摂取しなくても、それが生態系の中に取り込まれれば、人間の健康に害があるものが必ず回りまわってくるのである。

水銀、カドミウムなど、いろいろなところで騒がれている環境汚染は、生態系の中に放り込まれた物質が、回りまわって人間の健康を害するという問題である。人間のためには、環境はある程度は守らなければならないという話に繋《つな》がるのは当然だろう。

しかし、環境を守る根拠が結局は人間のためならば、人間が健康に生きられさえすれば、生物の多様性など関係ないという話になる。極論すれば、人間が生きるためには、ある程度の種類の有用な植物や動物がおり、それらを分解するバクテリアさえいればよいのであって、その他の野生動物などは必要ない。生態系はそれだけで充分機能するのである。

人間中心主義的な考え方を取れば、必ずそのような論理になってくる。天然記念物の高山蝶《こうざんちょう》などは、人間の生産性には何の価値もないのでいらない、ということにもなりかねない。

いい加減なところで適当にやる

生物多様性を守ろうとの議論のひとつに、野生生物は遺伝子資源であるとする考え方がある。地球上には人間にとって何の役にも立たないように見える生物種が膨大にあるが、もしかしたらそのような生物が、将来の資源になるかもしれない。何の役にも立たないと思っていた鳥や虫が、非常に有用な薬を作るための遺伝子資源になるかもしれない。だから、何もわからないうちは、すべての生物を守るべきだという考え方である。

しかし、その論拠だけで環境を守るのはなかなか難しい。極端なことをいえば、遺伝子組み換え技術がどんどん進歩して、それらを使って必要なものはすべて合成できるようになれば、野生生物から薬を取る必要はなくなる。食物についても、大きな工場を海のそばに建て、人工光合成をすれば事足りるという話になりかねない。技術さえあれば、地球上に大量にある窒素や炭酸ガスや水をもとにして、それらを適当にミックスしてやれば、理論的には肉でも何でも作ることができるはずだ。

これが極端になれば、技術さえあれば「野生生物など単に人間の娯楽のためだけにいればよいのであって、それ以外の生物などは保護する必要はない」という話にもなりかねないのだ。しかし、普通の人ならば、人間が生きることが一番大事なのだが、

「ある程度以上の生活が確保できるのであれば、人間の勝手な欲望のために、他の生物を必要以上に殺す権利はあるのか」と考えるだろう。

「環境が一番大事だ」という人もいるかもしれない。しかし、そう考えているのは人間である。人間という視点をなくせば、保全とか保護とかいう主張も成り立たなくなり、ただ自然があるだけだという話になってしまう。

人間中心主義的に、「すべては人間のためにあるものだ」と考える方が理屈は通る。しかし、普通の人は、自分の生活がおびやかされない限り、「野生生物だっていないよりは、いるほうがいいのではないか」と考えるだろう。「野生生物を守るためには、人間が死んでもいい」という環境原理主義はバカげているが、「人間がある程度幸福で、普通の人が普通に生きていける限りは、野生生物もやはりいたほうがいい」と考える人が多いと思う。それは理屈でなく気分である。

環境問題は、あまり厳密に理屈を突き詰めると極端な話になってくる。結局、人間や生物とは何かという問題と同じように、いい加減なところで適当にやるしかないのである。生物は、厳密に理屈どおりに生きているわけではない。いい加減なところで、失敗したらまた適当にやろう、傷付いたらそれを適当に治そうというやり方をとっている。人間は怪我をしても治るけれども、傷跡が残ったりして完全にはもとに戻らない。それでも死ぬまでは適当に生きている。

環境もこれと同じで、環境問題を原理主義的に捉《とら》えるとろくなことがない。たとえば、ある生物を天然記念物と決めたら、徹底的に守って一匹たりとも捕ってはいけない、あるいは捕った人間は死刑にしろということにもなりかねない。人間中心原理主義の場合は、環境など守らなくても、人間が生きていければそれでいいだろうとなってしまう。そういった極端な考え方をもつ人間同士が喧嘩《けんか》をすると妥協がない。人間は大事なのだが、人間にある程度衣食住が足りているという前提のうえで環境を守るという議論にする他はないわけである。

切りはなせない人口問題

環境問題とは、人間の問題でもあり、他の生物と人間の付き合い方をどうするのかという問題でもある。そういう意味では、自分と他の人たちとの付き合いをどうするのかということと同じといえる。一般の人は、まずは自分が生きることが最優先ではあっても、自分がある程度うまくいっているなら、他の人がまともに生きられるように支援したり、少なくとも「まともに生きられるのであれば、まともに生きたほうがよい」と考えるのが普通である。それは、人間が生物として持っている根底的な何か――倫理というか、共存原理というか、エールの交換のようなものである。しかし、それもやはり衣食住が足りているという前提があってのことにすぎない。

食うや食わずで本当に困っている人に、「倫理を守れ、道徳を守れ」というのは無理である。「他人の食糧を取って食べてはいけない」といわれようと、食べなければ死んでしまうという状況であれば、取って食べるのは仕方のない話であろう。しかし、ある程度衣食住が足りている人ならば、他人のことを考える余裕もできる。

野生生物や生態系の保護についてさかんに騒いでいるのは、主に先進国の人間たちである。彼らは自分たちが衣食住に困らないからこそ、野生生物を守ろうといえるのであり、またそこにシンパシーを感じる人も出てくる。ところが、アフリカで飢餓に苦しんでいる人に、「木を切るな」「野生動物を食べるな」といっても、「木を切らなければ燃料がない」「動物を食べなければ死んでしまう」といわれればどうしようもない。飢えている人にとっては、環境問題など知ったことではないというのは当然であろう。

このように考えると、環境問題とは生物学上の問題というよりも、社会のグローバルな経済システムや政治システムに絡んでくる問題なのである。アメリカの生態学者の間では、昔からよくいわれることだが、結局、環境を考えるうえで一番の問題は人口問題である。これは日本ではあまり語られない。「人口が減ったために年金負担者が減って困る」などといわれているが、人口が減って困るとはヘンな理屈である。グローバルに考えると、同じ資源があれば人口が少ないほうが一人当たりのゆとりは大きい。人口が多くないと困るというのは、社会システムがどこかおかしいというほかはない。

「少子化はいけない」というのはグローバル・キャピタリズムの延命のためには労働者と消費者が右肩上がりに増大する必要があるからで、生態学的には人口が少ない方がベターであるのは言うまでもない。

人口を増やそうとノーテンキなことが言えるのは、日本には飢えて死ぬような人はあまりいないからだ。しかし、アジアやアフリカの一部の国では、実際に飢えて死んでいく人がいる。まずはいかにして人口をある程度まで減らし、どうやってすべての人たちにうまく衣食住が行き渡るような世界を作るかを考えなければならない。

理想人口は六億人くらい

現在の世界の人口が七六億というのはどう考えても多過ぎる。農耕文化がなかった頃、つまり一万年以上前の地球の人口は、数百万人から一〇〇〇万人に満たないレベルだったといわれている。現在でも、ちょうど一万年前と同じレベルの狩猟採集生活をしている人たちの記録を見ると、寿命は短くても生態系の中で非常に優雅な暮らしをしているようだ。

狩猟採集民は、一日に三時間ほどしか働かないらしい。山の中には何かしらの食物があるので、人口が一定以上増えなければ、必要最小限のものだけを取れば事足りる。採集に二時間、調理に一時間程度の時間があれば充分で、あとはやることがないからごろごろして遊んでいる。雨が降れば仕事もしない。一日一〇時間以上も働かされるような現代のサラリーマンに比べれば、はるかに優雅で理想的な生活である。そのような生活がなぜできたのかといえば、それは人口が少ないからである。農耕がなければ生態系の収容力以上の人口は養えない。

ところが、農耕という文化が起こって食糧が増えはじめると、人口も増加しはじめた。生産性を拡大するためには人手が必要になり、人口を増やすためには食物が必要となる。新しい農地ができれば食物が増え、その結果、人口がさらに増える。このように農耕が始まって以来、地球の人口はあっという間に増加していった。

人口が増えれば、環境が破壊されるのは当然である。北アメリカに人間が渡ったのは今から一万五〇〇〇年ぐらい前、その後、南アメリカにも侵入し、約一万二〇〇〇年前には南アメリカの末端まで行ったといわれている。その間に、アメリカの野生動物は凄《すさ》まじい勢いで絶滅した。人間が自分の生存圏を拡大したために、野生動物と競合して彼らを殺してしまったのである。そういう意味では、人間がいる限り、野生動物との共存はなかなか難しいが、その難しさの根本には、やはり人口増加がある。人口が増え、野生動物が棲息《せいそく》していた森を畑にしたり牧場にしたりすれば、野生動物は駆逐される。

西洋人は、「野生動物を食べることはいけないが、人間が飼育しているウシを食べたりヒツジを食べたりするのはいい」とよくいう。これは本質的にはおかしい。本来は、野生動物の個体数回復の範囲内で野生動物を食べるのが一番いいに決まっている。野生動物が棲《す》んでいた場所を潰《つぶ》して牧場を作り、ヒツジやウシを飼育して食べているというのは結果的に野生動物を絶滅させていることと同じだ。

いずれにせよ、野生動物を食べて人間が生活するためには、七六億という人口は多過ぎる。せいぜい六億ぐらいになれば、地球環境と人間は、うまく調和を保って生きることができるだろう。つまり、衣食住が足りて、なおかつ環境を守っていこうとするならば、人口を抑えることが大切なのである。

ミクロ合理性とマクロ合理性のジレンマ

バイオテクノロジーを駆使して、とにかく収量のいい作物を数多く作らないことには、地球の人口が一〇〇億になった時にみな飢えて死んでしまうと主張している人がいる。しかし、収量が多い作物を作れば作るほど、そのぶん人口も増えるため、いつまで経っても人口増加と食物増加のいたちごっこが続く。ある程度人口を抑える努力をしないと、環境問題は永遠に解決しない。

これは大変面倒な問題である。たとえば、日本国内だけというミクロ（ジャパンローカル）で見ると、もう少し人口は多いほうがいいと思う人たちがおり、それはそれで合理的な考え方でもある。しかし、世界全体の生態系のマクロ合理性を考えると、人口はこれ以上増やさずむしろ減らしたほうがいいということになる。しかし、ミクロ合理性を考えると、自分の国の人口はあまり減らしたくない。ここに、ミクロ合理性とマクロ合理性とが背反するという問題が生じており、この問題こそが環境問題の根幹にある。

環境問題とは、人類がミクロ合理性を追求した結果、マクロ合理性が成りゆかなくなったという問題である。自分の食物が少しでも多い方がいい、自分の家系もより多い方がいい、自分の遺伝子もより多く残したいと万人が思ってそれを行えば、地球環境というマクロな状況は具合が悪くならざるを得ない。

生物は、オートポイエティックなシステムを開発した。しかし、それはみなミクロ合理性を追求するようなシステムに収斂《しゅうれん》しており、進化の過程でマクロ合理性を追求するシステムを開発するような生物はいなかった。何の束縛もなければ、生物はただひたすらミクロ合理性を追求し続けるのである。では、そのミクロ合理性は何によって阻止されるのだろうか。それを止めるのはマクロ合理性ではなく、自然環境からのしっぺ返しである。餌が不足したり、環境が大激変することなどにより、数が減ったり、絶滅したりするのだ。

人類もミクロ合理性を限りなく追求していけば、環境はどんどん悪化し、ある時クラッシュを起こして人口が一〇分の一ぐらいに減るだろう。生物としてはそれでいいのかもしれないが、それが嫌なのであれば、マクロ合理性をどこかで構築しなければならない。

環境問題に対して何とか世界レベルのマクロ合理性を構築しようという努力がなされているが、その問題の一番の根底に、人口問題があるという認識がない限り、炭酸ガスを増やさない努力をしたり、太陽光や風力といった自然エネルギーを利用する技術を開発したりしても、いずれクラッシュは免れない。人ひとりが生きるために最低限必要な燃料や食物の量は決まっている。どんな手段を講じたところで、人口自体が減らなければ、自然環境に対する負荷は減らしようがない。

そういう意味では、人口がどんどん増加すればするほど、住みづらい世の中になることは間違いない。一〇〇年後の地球を考えた時に、先ほどのクマムシのように長生きしても、あまりいいことはないという気もしてくる。

環境問題は今や最重要な政治的アイテムであり、ビジネスチャンスでもあるわけだが、だからといって人類が人口問題に目を向けて環境問題を解決できるかどうかはそれとは別問題なのである。

三　心はどこにあるのか？

心と脳の関係

「心とは何か」あるいは「心はどこにあるのか」という問題は、現代生物学が抱える一番の難問である。生物学者と哲学者が束になって考えても、よくわかっていないのが現実だ。

本章第一節の生気論とも関係のあることだが、昔は非常に単純に、すべての生物は心をもっていると思われていた。「一寸の虫にも五分の魂」という諺《ことわざ》もあるように、虫にさえ心があるとされていた。心は霊魂と同義になっていて、心をもっているものは生きており、心をもっていないものは死んでいると決めていたのである。

ところが、生物学者の眼から見ると、「生物とは物質がコミュニケーションしながらぐるぐると循環している空間である」と規定されるので、物質と心はどういう関係になるのかが極めて難しい問題となる。

「生気や霊魂などは存在しない」というのは簡単である。しかし、「あなたには心がないのか」と問われれば、「心がない」とは答えにくい。よくよく考えてみれば、「やはり心はあるのだ」という話にならざるを得ない。しかし、「では、その心はどうして生じたのか」となると、なかなか難しい。

かつては、心と体は二つ、あるいは心と脳は別という「心脳二元論」が唱えられていた。機械論の大家であるデカルトでさえ、生物の体は機械のようにできており、すべてを機械論的に説明できたとしても、心は違うと考えざるを得なかった。ジョン・C・エックルスやワイルダー・ペンフィールドといった脳科学研究の権威も、最晩年になってから、「やはり心は脳とは別だ」と言っている。しかし、今ではほとんどの生物学者は心脳二元論を信じていないようだ。

生物学者であれば、心は脳の何らかのメカニズムで働くのだろうと考える。実際、脳科学は日進月歩で進歩しているため、脳のどこをブロックすれば、どんなことが起こるのかについて、今ではかなりのことが判明している。脳のどこを破壊すれば、人間がどう変わってしまうのかさえ徐々に解明されつつあるのだ。

鉄道敷設がさかんだった頃のアメリカに、ひとつの有名な事件がある。一八四八年の夏、鉄道の建設現場でダイナマイトの爆発事故が起こり、一本の鉄棒が、現場監督のフィニアス・ゲージの頭を左の頬から貫いてしまった。普通なら即死だろう。ところが彼は、歩いて病院に行き、手当てを受け、死ななかったのである。上から見ると、脳から下に向けて穴が空いているにもかかわらず彼は生きており、見た目からは、どこにも異常がなかった。話すこともでき、手足も動き、歩くこともできた。

しかし、しばらくするとフィニアス・ゲージの人格が全く変わってしまったことがわかった。現場監督をこなすほど非常に責任感の強い優しい男だったのが、感情を喪失した獣のような人間になったという。その結果、「あれは以前の彼じゃない」と友達が離れてゆき、職も失ってしまった。ちなみに、彼は事故以後一三年近く生き続けたのだが、晩年は自分の頭を見せ物にして生活していたようである。

鉄棒が貫いたのはフィニアス・ゲージの前頭連合野で、ここには自我の中枢がある。前頭連合野が壊されると、自我がおかしくなることがあるらしい。このことからも、脳科学者たちは、生物学的には心とは脳の機能であり、脳が破壊されれば心がなくなると考えて間違いないと思っている。

現実は脳の中にある

一九四〇〜五〇年代にかけて、アメリカの病院などでは、精神に異常をきたした人が暴れないよう、脳の前頭葉の一部を切開して削除する「ロボトミー」と呼ばれる非人道的な手術が頻繁に行われていた。手術例は何万にも達したという。確かに患者は非常に従順でおとなしくなる。ただ、やはり先のフィニアス・ゲージと同じで、親しさの感情のような人間らしい心が失われ、ロボットのようになってしまった。

脳に障害が起こると、不可思議なことがたくさん起こる例は、ラマチャンドランの『脳のなかの幽霊』(角川文庫)をはじめ、いくつも紹介されている。「ファントム・リム」という幻肢現象では、切除したにもかかわらず、ないはずの手が痛くなる症状が起こる。脳には、切除した手の感覚に対応している部分があり、そこが何らかの理由で刺激されれば、ないはずの手が痛くなることもありえる。

私たちの現実とは、脳の中の現実なのである。手が痛いと感じるのは、本当は手が痛いのではなくて、脳が痛いと感じているから痛いのである。しかし、手を失ってしまうと、その手に対応していた脳の部分は、やることがなくなってしまう。

ところで手と対応している脳の領域の隣は、口や顔と対応しているので、手に対応している脳の仕事がなくなると、仕事をシェアリングするかのように、口や顔から来る感覚神経が、本来対応すべき脳の領域と同時に隣にまで伸びていってしまうらしいのだ。すると、顔を擦《さ》すれば、頭の中では顔と同時に手を擦すった感覚も生じてしまう。ないはずの手が痒《かゆ》いのは非常に困るが、頬を掻《か》くとその手が気持ちよくなったりすることがある。脳の中の現実は、実世界の現実とは必ずしも一致しない。

もうひとつ、脳についての不思議な現象に「カプグラ・シンドローム」というものがある。通常、人は前の記憶と次の記憶、前の時間と次の時間を関連付けることにより、目の前の現象が以前と多少違っていても、そこに同一性を見つけてカテゴリーを組み立てることができる。ところが、カプグラ・シンドロームになると、脳がこれをうまくできなくなる。たとえば、前に会ったことのある人でも、別の人としか考えられなくなる。会ってから三〇分しか経っていないにもかかわらず、「さっき、あなたと似ている人がいたんですけれど……」とか、「あなたは父と似ているけれども、父とは別人だ」とかいい出してしまう。

そうした場合、個人名や容姿自体は覚えることができるので、目の前の人物が記憶している人物と似ていることはわかる。しかし、記憶の人物と目の前の人物が同一の人間であることを脳が納得しなくなってしまうのだ。

説明不可能なクオリアという感覚

自我の中枢である脳に障害が起こると、心が失われたりおかしくなったりすることはわかった。

前世紀の終わり頃から、「クオリア」なるものが人口に膾炙《かいしや》しはじめた。クオリアの問題と心の問題と意識の問題をどう関係付けるかが、生物学者と脳科学者、そしてこの問題に関係している哲学者の間で最大の関心事になっている。

慣れない人にとってはなかなか理解しにくいかもしれないが、クオリアとは「赤の赤らしさ」とか、「青の青らしさ」とか、「ウイスキーの味」など、わたしたちが主観的に感じる感覚のことをいう。

抽象具象を問わず、いわゆる普通の言葉とクオリアは少し異なる。たとえば、カップの中にコーヒーがあるとして、これは私たちが「コーヒーだ」と思い込んでいるから「コーヒー」と呼ぶのだが、実はそれがコーヒーではなく、「醤油《しょうゆ》か何かを溶かした水かもしれない」と思い込むこともできる。つまり、目の前の液体を見た時に「これはコーヒーだ」というのはクオリアではない。しかし、ひとたびそれを口に含めば、それはコーヒー以外の何ものでもないことがわかる。だから、コーヒーとは味のクオリアなのである。

重要なことは、クオリアは自分の主観的な感覚である以上、当事者が嘘をつかない限り絶対に訂正することができないということだ。自分が赤だと思うものを手に取って、「これは青だ」と言い張ることは確かにできるが、自分の心に忠実に従えば、やはり嘘をついていることになる。

ビール瓶に泡の出る茶色い液体が入っていたとしても、それはビールではないかもしれない。ウイスキーの瓶にコハク色の液体が入っていたとしても、本当は紅茶かもしれない。絶対にウイスキーだといわれても、自分がそれをウイスキーだと信じることができるだろうか。疑おうとすれば疑えるし、飲めばウイスキーではなく、本当はただの紅茶かもしれない。しかし、それを飲んだ瞬間に、ウイスキーであることは疑う余地がなくなる。これがクオリアである。

クオリアとは外から来た感覚なのだが、訂正することができない主観的な感覚なのである。主観的な感覚だから、定義によって定めることもできない。また、ウイスキーの味とは自分の感覚にすぎず、その味を言葉ではなかなか言い表すことはできない。

そのようなものをどうやって説明するのか。これは非常に大きな問題である。先の例でいえば、なぜウイスキーを飲んだ時にウイスキーの味がするのか、あるいは赤い色を見た時に、なぜ赤い色だと思うのか。

これを脳科学者が説明しようとすれば、回路としては確かに説明することができる。色ならば目に、味ならば舌に刺激が来て、どの神経がどうそれを感知し、脳のどこへ伝わるのか。伝わる時には、電気的に伝わる部位もあるし、シナプスを介して物質的に伝わる部位もある。それらの回路がすべてわかって、説明できたとしよう。しかし、「赤を感じる仕組み」や「赤を感じる回路」をいくら説明されたとしても、説明を聞いている本人が現実として赤を感じるわけではない。

極端なことをいえば、色覚障害で赤が全くわからない人が、「人間はこのような仕組みで赤を感じるのだ」といくら説明されても、「赤とは何なのか」という疑問は解消されない。あるいは、味覚障害で特殊な味を感じない人に、「頭の中のこれこれこういう仕組みでこの味が伝わるのだ」と説明しても、その味がどういうものかは、結局、わかってもらえない。

仮に自分が赤を感じているとしよう。確かに、赤を感じる脳内プロセスはあるのだから、それを誰かに科学の言葉で説明することはできる。しかしその説明を聞き、それを理解している相手の脳内プロセスは、自分が赤を感じる脳内プロセスとは全く違う。

単純にいえば、赤を感じるプロセスを生起させるには、赤を見せるのが一番早い。あるいは目の見えない人なら、脳が正常でありさえすれば、自分が赤を感じるプロセスを直接脳の中で、再現させればよいのである。

恐らく、そのようなかたちでしかクオリアは説明できない。しかし、やってみなければわからないのなら、クオリアそのものは言葉では説明できないことになる。説明する言葉とクオリアとは違うのである。

外部で起きている現象であれば、それを見てどうなっているかと自分の脳で理解することと、それを見ながら説明することは、非常に近い脳内回路で行われているに違いない。しかし、自分の主観的な感覚を客観的に説明すると、この二つの脳内プロセスは全く違うことになる。

心が科学的に説明できないのは、ある意味でやむを得ない。心が生じるプロセスそのものは説明できるかもしれないが、それは心そのものの説明にはなっていない。心そのものを客観的に説明することと、心がわかることとは別なのである。

ロボットは心をもつか

次なる問題は、脳内プロセスを全く同じにすれば同じ心が生じるとするなら、そのプロセスを完全にシミュレーションする機械を作り、その機械に同じことをやらせてみれば、ロボットは心をもつのだろうかという点である。これは哲学者の間でも非常に大きな問題となっているが、私見では、物質まですべてを同じにしてしまえば、同じにしてしまい、「ロボットも心をもつ」と思う。タンパク質から原子の配置まですべての物質を同じにしてしまい、たとえば今の自分の脳と全く同じ脳を作ることができれば、物質も構造も同じなのだから、理論上はロボットも私と同じ心をもつに違いない。

しかし、通常、ロボットは機械で作られる。機械は生物ではないから、自分で自分を変えていくプロセスがない。ロボットを機械で作り、システムだけを真似して、何かを入力して情報を循環させても、それが心をもつかどうかはわからない。機械ではなくタンパク質まで全く人間と同じ機械（要するに生物）を作ることができれば、それは心を持つのだろうが、機械で心を作り出すことはできないかもしれない。

心とは、自動車やコンピュータシステムのように、システムそのものが固定されていて、その間を何かがぐるぐる流れることによって現れるのか、あるいは生命のように、内部自身が変わりながらによってしか現れないのか。

後者の立場をとるなら、自動車やコンピュータは入力をしても中身が次々と変わるわけではないので心はもてない。しかし、システムそのものが、入力される物質と区別できないようなやり方でどんどん変わってゆくようなシステムを作ることができれば、心が現れるのかもしれない。

「心は生きているものにしか存在しない」とは、まさにそういうことであり、生きているシステムとは、オートポイエーシス的なものだ。心もオートポイエーシス的なものだとすると、自分自身をどんどん変えながら、なおかつ自分は自分だと思えるシステムを人工的に作れば、恐らく心は作ることができる。

コンピュータにもいろいろな種類があるが、いわゆるシリコンチップのようなものを使っている限り、心は現れないだろう。しかし、バイオチップではないが、タンパク質や糖などでコンピュータを作ることができれば、心は現れるのかもしれない。

そして、オートポイエティックなシステムが複雑になると自動的に心が現れるのであれば、また、そのようなシステムを人工的に作ることが可能になるのであれば、人間と違うタイプの心を作ることもできるはずである。しかし、その心がどういう心なのかを記述することはできても、心そのものはやはり当人でなければわからない。

あるオートポイエティックなシステムがすべてわかったとしても、それを他人が書いて理解しているプロセスと元のプロセスとが違う以上、当人がどういう心を持っているかは、自分がその当人になってみなければわからない。クオリアも同じで、結局、体験してみなければわからないのである。

四　人はなぜ死ぬのか？

システムとしての生物は死なない

私たちは、「なぜ生物はみな死ぬのだろうか」と疑問に思っている。ところが、これは大間違いで、生物は基本的には死なない。本章第一節でも述べたが、三八億年前に生物が誕生して以来、オートポイエティックなシステム自体は今もずっと生き続けており、システムそのものとしての生物は不死なのである。人間は確かに死ぬが、死ぬのは人間の個体であり、人間にも細胞レベルでは死なないものがある。

もちろん、強制的に死なせることはできる。オートポイエティックなシステム云々《うんぬん》といってみたところで、現在いるすべての生物を物理的に殺してしまえば、それでお終《しま》いである。

人間の場合、細胞レベルで考えれば死なないものがいくつかある。そのひとつが生殖細胞である。たいがいの生殖細胞は死ぬが、すべての生殖細胞が死ぬべく運命付けられていると人類は絶滅してしまうので、死なない生殖細胞もいる。その生殖細胞が、次の子供になり、大人になり、また生殖細胞ができて分裂をし、そのうちの何個かが次の大人になり……と、生殖細胞の系列だけは細胞分裂を繰り返し、死ぬことはない。

しかし、これは女性の場合の話である。女性は子供を作れば自分の生殖細胞の一部は自分の子供として生き延びることができる。ところが男性の場合、受精の時に卵《らん》には精子のDNAしか入らないので、細胞レベルでは男性は必ず死んでしまう。

DNAというレベルで考えれば、子供を作れば男性も自分のDNAがその子供に入る。しかし、DNAは細胞ではなく、ただの物質にすぎない。細胞はすべて母系なのである。しかし、ミトコンドリアは、男性から子供には入らない。ミトコンドリアは、もとは別の生物だったらしく、いうなれば細胞の中で人間に寄生しており、どんどん分裂を繰り返して生きている。ベストセラーになった『パラサイト・イヴ』(瀬名秀明、角川ホラー文庫)は、ミトコンドリアが意思をもって人間を支配するというホラー小説である。

このように、女性は自分のミトコンドリアを子供に伝えることができるが、男性では細胞の中のミトコンドリアは行き止まりになっていて本人が死ねば終わりである。ミトコンドリア以外の細胞内小器官もすべて母系由来である。細胞質の中でのオートポイエティックなシステムを生命と考える限り、生命は母系でしか伝わらない。

もうひとつ人間が生き延びる方法がある。それは、がんになることだ。がんにかかれば死ぬと思われているが、そのがん細胞を、うまく培養すればがん細胞は死ぬことはないため、細胞レベルでは不死となる。

世界で一番有名なヒトの培養細胞は、ＨｅＬａ細胞で、これは一九五一年に亡くなったヘンリエッタ・ラックスという名の女性の子宮頸《けい》がんの細胞に由来している。

ＨｅＬａ細胞は不死であるだけでなく、培養すればどんどん分裂して増えてゆき、極めて均一な細胞になるため、さまざまな実験に使うことができる。毒性の調査などをする際、ＨｅＬａ細胞を培養し、その中に、ある液体を一滴入れて、どのくらいの量、時間で死ぬのかといったコントロールに使うことができる。そのため、現在では世界中の研究機関にこの細胞の株がある。すでに彼女の死後何十年と経っているが、恐らく世界中のＨｅＬａ細胞を集めて重さを量れば、生前の彼女の体重よりはるかに重いだろう。このＨｅＬａ細胞は、医学がなくならない限りは存在し続けるだろうから、ほとんど不死である。

もしがんになったら「すみません、先生。私のがん細胞を研究に使ってずっと培養し続けてください」と頼めば、少なくとも細胞レベルでは不死にはなる。それでは満足できないといっても、今のところ個体そのものが生き延びる方法はない。

寿命を決めるヘイフリック限界

私たちの細胞中の核の中には染色体があり、染色体にはDNAという遺伝子が乗っている。ヒトの場合、染色体は父方と母方からそれぞれ二三本ずつ遺伝されて、合計四六本ある。細胞分裂をする時には、それぞれの細胞に四六本ずつが入らなければならないため、四六本が二倍の九二本になる必要がある。簡単にいえばコピーをするわけだが、その方法は少し複雑である。染色体の最末端にテロメアという構造があり（一番中心にあるのは「セントロメア」という）、コピー、すなわち細胞分裂のたびにそのテロメアが少しずつ短くなるのだ。専門的な話になるのでここでは詳細は省略する。

テロメアは意外と長く、染色体の構造を安定させている。分裂のたびに少しずつ短くなっていき、ヒトの体細胞では五〇回ほど分裂するとなくなってしまう。テロメアがなくなると、染色体はその構造をうまく保てなくなり、細胞もそれ以上は分裂できなくなって死んでしまう。つまり、テロメアの長さと、細胞分裂をするごとにどれだけテロメアが短くなるのかで、だいたいの寿命が決まる。細胞分裂の限界は、ヒトではおよそ五〇回ぐらいである。これはヘイフリック限界といわれている。

ところが、がん細胞は、五〇回どころか何百回分裂しても全く平気なのだ。なぜなら、がん細胞はテロメアを伸ばすことができるテロメラーゼという酵素をもっているからである。テロメラーゼのおかげで、がん細胞のテロメアは何度分裂してもいっこうに短くならず、いつまでも分裂を繰り返すことができる。また、通常の細胞でも生殖細胞だけはテロメラーゼを合成する機能をもっているものと思われる。

一部のがん研究者は、がん細胞のこの性質に注目し、テロメラーゼを阻害してしまう酵素を患者のがん細胞に注入することができれば、がん細胞はテロメアを伸ばすことができなくなり、(五〇回分裂したら)自滅するのではないかという研究をしている(第四章第一節を参照)。事実、培養したがん細胞の中に直接テロメラーゼを阻害する酵素を入れればがん細胞は死ぬ。しかし、この考え方は原理的に非常に素晴らしいものの、実際はなかなかうまくいかず、現在のところこのような方法でがんを治したという例はない。

このことから、普通の細胞の中では、テロメラーゼの合成を阻害する遺伝子が活性化していると考えられる。この遺伝子を発現させてやれば、がん細胞もテロメラーゼの合成を阻害され、死ぬ細胞になるであろう。

ということは、寿命を決めている遺伝子が確かにあり、逆にいえば、人間は遺伝的に死ぬように運命付けられているということだ。すると、細胞はなぜそのようにわざわざ死を選ぶのかが大きな問題として浮上する。

人間に寿命がある理由のひとつは、先に述べたように細胞のヘイフリック限界にある。もうひとつの理由として、細胞の中には分裂をしない細胞があることが挙げられる。脳、神経、心臓などの細胞は、今ある状態から分裂をしない。分裂をしない細胞には、細胞そのものに寿命があり、人間の場合なら神経細胞の寿命がだいたい一二〇年ぐらいではないかといわれている。この寿命も遺伝的に決定されているようだ。細胞に寿命がある以上、そこから先を生きようとしても不可能なのだ。

世界最高齢はどれ程すごいか

これまで一番長生きをした人は、ギネスブックを信じる限り、フランスのジャンヌ・カルマンという有名な女性で、一二二歳一六四日まで生きた。正式な記録に残っている限りでは、一二〇歳を超えて生きた人間は、彼女だけである。

昔は、インチキな記録がたくさんあったらしい。イギリスの有名なスコッチウイスキー、オールド・パーは、実在の人物の名を冠した酒であるが、ラベルを見るとパーの没年齢は一五二歳となっている。しかし、どうやらこれは嘘であるらしく、実際はもっとずっと若かったのではないかといわれている。かつては戸籍制度がしっかりとしていなかったため、生年月日がはっきりとせず、いい加減だった。また、長生きがステータスだという社会では、嘘をついてまで「自分は長生きをしている」と公言する人が大勢いた。ちなみに、パーは自分で一〇〇歳以上だとふれまわっていたらしい。もちろん嘘をついていたのだが。彼のあまりの長寿は有名になり、ロンドンの社交界の花形となるが、彼はそこでの食べ過ぎが原因で死んだらしい。

日本人では、鹿児島県の田島《たじま》ナビ（女性）の一一七歳二六〇日が最高齢だ。この記録は世界歴代第三位である。男性では京都府の木村次郎右衛門《きむらじろうえもん》の一一六歳五四日が最高齢で、これは男性の歴代世界最高齢でもある。人間が今までどのぐらい誕生したか定かではないが、七六億という現在の人口の一〇倍ぐらいだとしても、その中で一人しか一二〇歳を超えていないということだ。一二〇歳を超えて長生きすることは、アメリカの大統領になるよりも、ノーベル賞を取るよりも、はるかに稀有《けう》なことなのである。

最近、寿命一〇〇歳時代が迫っているという話がよく聞かれるが、年金の受給年齢を引き上げるためにでっち上げたインチキ話だと思う。現在の日本の一〇〇歳以上の人数は約七万人であるが、一年当たりの新生児の数は一〇〇万人弱で、寿命が一〇〇歳になると、この人たちの半数以上は一〇〇歳を超えて生きることになる。この話は、この一〇年間、平均寿命が毎年平均〇・一六年ほど延びているという仮定の元で作られているが、このまま延び続ければ、近いうちに一〇〇歳に達するというので、このまま延び続けるが、人体の画期的なシステム改造技術が発明されない限り、寿命は九〇歳くらいで頭打ちになると思う。

プログラムされた死

話を元に戻そう。なぜ細胞は死ぬのだろうか。一番最初の生物は、今から三八億年前に発生したといわれる。その生物とはバクテリアである。それどころか、以後しばらくは地球上にいる生物すべてがバクテリアだったのである。バクテリアにはヘイフリック限界がなく、どんどん分裂する。原理的には不死なのだ。

その死ななかった生物が、なぜか同じタイプの染色体が二個ずつある2nの細胞の生物になった途端に死にはじめる。原核生物（バクテリア）は染色体が一個しかないnの細胞の生物であり、2nにはなれない。原核生物には、核膜に包まれた核はなく、細胞の中に剝《む》き出しのDNAが入っている。そのDNAのことを一応は染色体と呼んでいる。それが、同じ単細胞生物でも原生動物になると、きちんとした染色体や核をもった真核生物になる。真核生物の染色体は非常に大きな構造をしている。中核はDNAなのだが、そのDNAがヒストンというタンパク質に巻きつかれ、さらにそれらが複雑に折りたたまれた構造である。

原生動物のアメーバは、性がなく、2nにならないので原則的には死なない。同じ原生動物でもゾウリムシになると死を免《まぬか》れなくなる。ゾウリムシは普通2nであり、時々、減数分裂をして他個体と接合し、DNAの半分を交換することにより若返る。2nのままだと死んでしまう。有性生殖が生まれてきたことと、生物が死ぬこととは、関係しているようである。

死ぬことができるのは、生物が獲得した能力なのである。なぜ死ぬのが能力なのか。恐らく2nの細胞は、死ぬことができるようになってはじめて多細胞になることができた。つまり、私たちが多細胞生物である限り、個体が死ぬことは免れ得ない運命なのである。死ぬのは嫌だという人は、nの原生動物に戻ればいい。アメーバになれば死なないですむかもしれないのだから。

心臓の細胞や脳の細胞は、あるところまでいくと必ず死ぬと述べたが、「プログラムされた死」があり、これをアポトーシスという。逆に事故や病気などの原因で死んでしまうのは、ネクローシスという。ネクローシスとアポトーシスは同じ死でも全く違っており、アポトーシスとは死ぬべく運命付けられた死なのである。なぜそれが重要なのか。人間をはじめとした多細胞生物は、細胞の死という奇妙な方法により形を作っているからだ。ただひたすら細胞が分裂していくだけでは、大きくなることはできるが、その結果として形を作ることはできない。

人間の手足は手のひらや足のひらから指が五本生えたような形をしている。しかし、実は手のひらから指が生えてきたわけではなく、指と指の間のいわゆる水かきの部分の細胞が死んで作られたのである。これはアポトーシス、つまりプログラムされた死である。指と指の間の細胞は、あるところまで成長した段階で、プログラムされた死により抜け落ち人間の手の形ができる。細胞をうまく殺すことによって、極めて微妙な形を作ることができるようになったのである。

私たちがなぜこれほど多彩な形をもっていて、わけのわからない生物がたくさんいるのか。それは、私たちが多細胞生物だからである。多細胞でない生物には、あまり複雑な形をしているものはいない。そもそも多細胞でなければ、ある程度の形の形成はできても、ゾウや人間のような複雑な内部構造をもつ形は作れない。生物は、多細胞になり死ぬ能力を獲得することによって、はじめて複雑な形を作ることができるようになった。

死ぬ能力を獲得したことと、形を作ることとの間には、密接な関係があるわけだ。だから、私たちは、細胞の中にプログラムされている死をなかなか外すことができない。

細胞のミスコピーは必ず起こる

最高で一二二歳まで生きるにもかかわらず、人間のほとんどが途中で死ぬのは、すべての人が能力の限界まで生きていないことと関係している。すべてがうまくいけば、人間は恐らく一二〇歳ぐらいまで生きられる。しかし、普通は八〇歳ぐらいになると、あちこちが駄目になり、元気なように思えても九〇歳ぐらいになると死ぬ。

心臓の細胞は分裂しないが、心臓はがんにはならない。がんについては改めて詳述するが（第四章第一節を参照）、分裂しない細胞はがんにならない。そういう意味では、細胞が分裂することはがんになることと関係している。がんになるのも、細胞が獲得した能力が少し目的を外れたという問題なのである。不死のためにテロメラーゼをひたすら合成してヘイフリック限界を延ばすという可能性もあるわけだが、人間の場合はそういうことをしても、がんからは免れないだろう。

がんを作る遺伝子は、基本的には発生に関与している遺伝子なのである。細胞を分裂させる遺伝子がおかしくなって、がん遺伝子になってしまう。原がん遺伝子（がん遺伝子に変異する前の正常な遺伝子）は、実は細胞が分裂する時に非常に重要な役割を果たしている。細胞は分裂しないと単細胞が多細胞にならない。人間の場合でも、受精卵は最初は単細胞だから、分裂をしないと胚《はい》になれない。だから、原がん遺伝子をすべてブロックして絶対にがんにならない細胞を作ると人間は発生しないのである。

がんの遺伝子は、分裂する時に生じることが多い。何のミスコピーも損傷もなく分裂が繰り返されればいいのだが、生きている以上、どこかで間違いが起きる。物は原理的には壊れないが、使っているうちに偶然傷付いたり壊れたりすることはある。コップは使わずに安全なところに入れておけば、一〇〇〇年でも二〇〇〇年でももつだろう。しかし、使っているうちには、やはり少しは壊れるものである。

人間でも、細胞が分裂していく過程で、人体を構成する三七兆もの細胞のうちいくつかは偶然ミスコピーが起きたり傷付いたりして、原がん遺伝子ががん遺伝子になってしまう場合が必ずある。その確率は、分裂すればするほど高くなる。人間は五〇回のヘイフリック限界しか持っていないが、それが七〇回、八〇回、九〇回と増えて寿命が延びたとしても、その途中で必ずどこかの細胞ががん化してしまう。そういう意味では、たとえ寿命が延びても、一万年、二万年、五万年と生きる、あるいは不死にはなり得ない。

こう考えると、私たち多細胞生物が心までももつような複雑さを獲得したこととひきかえに死を運命付けられたことは、仕方がないことなのかもしれない。非常に複雑なシステムを延々と維持しつつ不老不死で生き延びることは、所詮《しょせん》ずうずうしい考えというほかない。がん細胞や生殖細胞は単細胞なので少しも複雑ではない。生き延びようと思えば、いくらでも生き延びることができるが、自分という心を保持して生き続けるのは、所詮は叶《かな》わぬ夢にすぎない。人間が人間でいる限り、死ぬのは仕方がないのである。

心をコンピュータの中に入れてしまえば死なないという考え方もある。単にそれ自体は不変のシステム上に情報がぐるぐる動いているだけで心が生じるのなら、死の間際に人間の心を巨大なコンピュータの中にそっくり入れてしまえば、心の存在という意味でなら恐らく人間は死なない。しかし、何度も述べてきたとおり、オートポイエティックなシステムの中にしか心が宿らないとすれば、そういう複雑怪奇なシステムは、やはり死という機能を孕《はら》んでしまうのではないだろうか。

長寿遺伝子はあるのか

ある種の線虫（C・エレガンス）などには、長寿遺伝子があることが分かっている。ある遺伝子の有無により、寿命が大幅に変化してしまうのだ。ヒトでは長寿に関係している遺伝子はあるが、こういったタイプの長寿遺伝子は見つかっていない。逆にある遺伝子が損傷したりすると老化が促進されることが知られている。ハッチンソン・ギルフォード症候群やウェルナー症候群をはじめ、遺伝子の異常で生じる早老症はずいぶんある。

一方で、長生きする病気はない。そもそも長生きは病気といわないが、遺伝子の関係で早老症になることを考えれば、遺伝子の組み合わせで、うまく長生きをする可能性もあるのだろう。家系的に、祖父母も両親も長生きだったなら、その人が長生きをする確率は高い。みなが早く死ぬ家系なら、やはり早死にの確率は高い。

ただ、生物としては長生きをすることはそれほど適応的ではない。長生きは、自然選択によって進化するとは思われないからである。要するに、子供を作ってしまったあとは長生きをする必然性がないのである。

糖尿病のような成人病が、なぜ多くの人に見られるのか。それは、そのような病気が自然選択で淘汰《とうた》されなかったからである。一〇〇歳で死のうが九〇歳で死のうが八〇歳で死のうが、自然選択にとってみればみな同じである。もし一〇歳で死ぬ遺伝子があれば、これは淘汰されるだろう。なぜなら、一〇歳では子供を作ることができず、その遺伝子は次の遺伝子を残さないで消滅することになってしまうからだ。しかし、年を取ってしまえば関係なく、自然選択によって長生きするように進化することは難しいのである。子供を作ってしまったあとは、本当は次世代に資源を残すためになるべく早く死んでしまったほうがいいのだとも考えられる。

人間は実に特殊な生物である。他の生物は、メスが子供を産める限界年齢と寿命がおよそ同じなのだ。ゴリラや他の霊長類にしても、寿命がつきる時まで子供を産む。産まなくなったあとも長生きをするのは人間だけである。ヒトの女性は、およそ五〇歳ぐらいで子供を産めなくなるが、そのあと、四〇年も五〇年も生きるのは、生物学的に考えてみればおかしい。男性の場合は、画家のピカソが六八歳で、昆虫学者のファーブルが七一歳で子供を作ったという例もある。しかし、女性で七〇歳になってから子供を産んだという人はさすがにいない。

そういう意味では、男性のほうが長生きをしてもよさそうなものである。ヘンな話だが、七二歳で子供を作ればその人の遺伝子は残るわけだから、高齢な男性の子供のほうが、長生きする可能性は高いかもしれない。少なくとも父親はその年齢まで生きたという保証はあるのだ。年を取った男性を大事にしてセックスをしろ、といっているわけではない。若い男性との間にできた子供は早死にするかもしれない、という見方もできるということだ。

ある高名な生態学者が、「寿命を延ばす方法がひとつだけある。社会的な政策として、結婚許可年齢をどんどん引き上げることだ」といっていた。四〇歳にならなければ子供を作ってはいけないと決めれば、少なくともその年齢に達する前に遺伝子的に死ぬような病気は淘汰されて消える。突拍子もない考えではあるが、確かに平均寿命は延びるかもしれない。

しかし、現在すでに生存している人がどうしたら長生きするかというようなことは、生物学的にはなかなかいえないのである。こればかりはきっと運なのだろう。

第二章　生物の仕組み

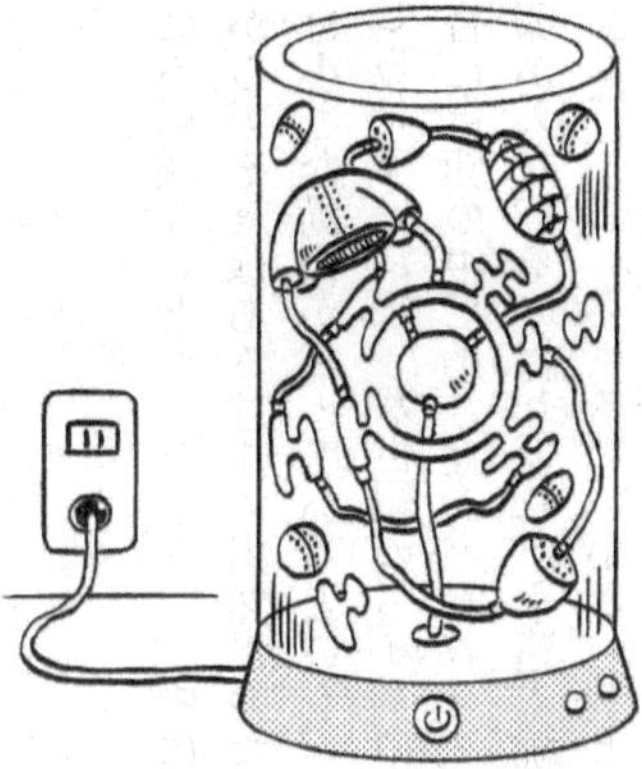

一　卵はどうして親になるのか？

前成説と後成説

卵《らん》が親になる現象は、昔の人にとって非常に不思議なことだったようだ。中に何の構造もない卵がニワトリやカエルになるのだから、それはある意味で当然だったともいえる。一七〜一八世紀の頃には、卵の中には小さな動物が入っているという「前成説」(プレフォーメーション・セオリー)が信じられていた。一八世紀のスイスの生物学者であるシャルル・ボネなどは、人間の場合には卵の中に小さな人、ホムンクルスが入っており、その人の中にはさらに小さな卵が入り、その繰り返しが永遠に続いている、という「いれこ説」を唱えている。ホモは「人」、クルスは「小さい」という意味である。

しかし、当時すでに顕微鏡が発明されており、顕微鏡で見ても卵の中に小さい人など入っていない。そこで人々は、形はあとで出てくるのではないかと考えはじめた。これを「後成説」(エピジェネシス)という。エピは「あと」、ジェネシスは「できる」

という意味である。このように、当時はプレフォーメーション・セオリーとエピジェネシスが対立していた。

さらに前成説を唱える人たちにも「卵子派」と「精子派」という二派があり、「ホムンクルスは卵に入っているのか精子に入っているのか」という論争を繰り広げていた。精子派は、精子の中に小さな子供が入っていたと顕微鏡で見た絵まで描いている。昔の高校の教科書にはその絵が載っていたのだが、人間の精子の中に、頭に十字架のような模様が付いた、手を組んだ小さな子供らしきものがいて、お祈りをしているような絵であった。人間は心眼で見ると見えないものが見えてしまうのだろうか。

観察をすれば卵の中に人など入っていないことは一目瞭然《りょうぜん》である。ではどうして形ができるのか。後成説を唱える人たちは、この疑問に対して合理的な説明をすることができなかった。何もないところから何かが出てくるのは、どう考えてもおかしい。

しかし実際、生物では卵がどんどん分裂して勝手に形ができてしまう。後成説を唱える人は、それがなぜなのかうまく説明できなかった。外部や、発生途中のいろいろな環境の影響で形ができると考えても、環境が違えば違う形ができるのかといえば、人間の卵はすべて人間になり、カエルの卵はカエルになってしまう。カエルの卵を海の中に入れておいたら、海に適したような生物になるわけではない。砂漠に置いておいてもトカゲになるわけではない。カエルの卵は、どこに置いてもカエルになるか死ぬかのどちらかである。しかし、そうかといって卵の中にホムンクルスなどいない。結局、論争に決着をつけられず困っていた。

この論争に決着をつけたという点で、メンデルの功績は大きい。二〇世紀になると、卵の中にあるのは、小さなミニチュアではなく、「遺伝子」という生物の形を作る原理、あるいはもとになるような何かであることがわかってきた。今の言葉でいえば「情報」である。

それまでは、情報などというものを誰も考え付かなかった。ミニチュアがあるとしか考えられなかったのである。卵の中には、小さなミニチュアの代わりにあらかじめ生物の形を作る情報が入っているという具合に置き換えれば、あらかじめ卵の中に入っている情報が形を作らせると考えるのは、現代版前成説といえる。人間の卵はあらかじめ人間になるように決まっており、カエルの卵はあらかじめカエルになるように決まっているのであれば、それは完全に前成説である。違うのは、入っているものが、小さなカエルや小さな人間ではなく、情報だという点だけである。

このように、情報が発現して、うまい具合に細胞に作用して形を作らせるのだということがおおよそわかってきた。現代生物学はすべてその考え方をとっている。では、その情報とは一体何で、それがどのように作用して形ができるのか。

メンデルの頃は、その仕組みはわからなかった。耳なら耳の形を決めるエレメント、エンドウマメなら豆をシワシワにするエレメントとツルツルにするエレメント、背を高くするエレメントと低くするエレメントがあるというように、エレメントという何かわからないものが形を決めていると考えられていた。

その後、エレメントは遺伝子と呼ばれるようになり、遺伝子とは「DNA」であり、卵の中に最初にある情報は、核の中の染色体を構成するDNAにあるのだということがわかってきた。しかし、遺伝子だけで形ができるのかといえばそんなことはない。人間の場合、眼を作る遺伝子はもちろんあるが、一個の遺伝子が一個の眼を作るように決めているわけではない。

接着因子による形成

形の形成を考えるうえで、まず最初に押さえておくべき点がある。先に多細胞生物にならなければ、生物は複雑な形を作ることができなかったと述べた（第一章第四節を参照）。細胞は次々と分裂することで多細胞になるわけだが、その際、個々の細胞がバラバラになっては多細胞生物としての形態は作れない。ということは、多細胞生物になるためには、細胞と細胞をくっ付けておくメカニズム、つまり接着因子（タンパク質の一種）がなければならないのだ。

人間の受精卵が分裂して二細胞期（一回目の分割）になる時、互いに離れてしまうと、一卵生双生児になるだろう（通常、一卵生双生児は受精後五日間ぐらい経ったすでに多細胞の胚が分裂してできることが多い）。しかし、分裂する細胞が永遠にくっ付かなければ、単にバラバラの細胞ばかりができてどうにもならない。単細胞生物であるゾウリムシや大腸菌の細胞分裂では、普通は分裂したら離れてしまう。
ウニの卵なら、精子が入ると受精膜が浮いて周りが膜で囲まれる。しばらく経つとその膜が破れ、細胞分裂を繰り返して多細胞になりはしたが、外見は卵と変わらない毛が生えた小さな幼生（胞胚《ほうはい》）が出てくる。その前に膜を無理矢理除去してしまうと細胞分裂した胚はバラバラになってしまう。その時点では、まだ接着因子の遺伝子が発現しておらず、卵がまとまらないので仕方がなく周りに膜を被《かぶ》せているのだと考えられる。

細胞の中で、接着因子を作る遺伝子のスイッチが入れば、その作用により周りの壁が取れても、細胞はくっ付いたままバラバラにならない。

接着因子は非常に重要で、ある細胞が他のどの細胞とくっ付き、どの細胞とくっ付いてはいけないのかを決定している。接着因子のおかげで、肝臓の細胞は肝臓の細胞にくっ付き、筋肉の細胞は筋肉の細胞にくっ付くというように、いろいろな細胞がある中で、自分と同じ細胞を認知してまとまりを作ることができる。自分と関係ないデタラメなところにくっ付いてしまえば、ぐちゃぐちゃになってしまう。筋肉の細胞と肝臓の細胞がくっ付いても、何の役にも立たない。

細胞は接着因子があることで自分のいるべき場所を発見していく。最も典型的な例として、「神経堤《しんけいてい》細胞」という奇妙な細胞を挙げてみよう。脊椎《せきつい》動物の場合、発生がある程度進むと背中に神経ができる。将来、神経管になる部分が縦に細長くなり、両側から土手状に出っ張りが形成されて、真ん中が少しくぼんで溝のようになり、神経が通る所が川のような形になる。しばらくすると両側の土手（あるいは堤防）がアーチ状に塞《ふさ》がっていき、その中を神経が通る仕組みができあがる。この出っ張ったアーチ状の部分を「神経堤」という。

奇跡の発生プロセス

神経堤の細胞は体中に散らばっていき、色素細胞をはじめとするさまざまな細胞になる。驚くべきことに、神経堤の細胞は体の細胞内を泳いでいき、自分で行くべきところを探すのである（本当にとんでもない末端まで行くのだ）。その〝神経堤細胞の旅〟ともいえるものを決めているのが、「接着因子」と「忌避因子」である。わかりやすくいえば、「こっちへ来い」という因子と、「ここに来ては駄目」という因子の両方があり、神経堤の細胞は、それをうまく使い分けて自分の行くべきところへ行く。発生は、このような非常にダイナミックな動きの結果起こるのである。

接着因子と忌避因子は、神経堤細胞自身にも相手の細胞にもある。ある物質とある物質はくっ付き、ある物質とある物質は背反する。お互い同士で細胞の表面にくっ付いているそのような物質を見分け、「お前は仲間じゃないからあっちへ行け」というようなことをやりあいながら生物は発生していく。

このように非常に芸の細かいことをやり、次々とうまくスイッチが入っていく現象が発生のプロセスなのである。人間がきちんと人間になれるのは、いうなれば奇跡のようなものである。どこかに少しでも変なことが起これば奇形になってしまう。極端なことをいうと、発生途中にサリドマイドのような有害物質が入ってくれば、どこかの過程がブロックされてうまく発生が進まなくなり、奇形ができたり死んでしまったりする。

卵がどうして親になるかについては、だいたいのことはわかってきているが、それでも非常に複雑怪奇な遺伝子の発現順序のシステムだということ以外、全貌《ぜんぼう》はわかっていない。

タイミングの問題が非常に大きいのだ。同じ遺伝子や遺伝子系を持っている生物でも、どこかで何かのタイミングを狂わせてやると、形が大きく変わってきてしまう。これは進化とも関係するが、全く同じような遺伝子系でも、途中でちょっとタイミングをずらしてやると形が大きく変わってきてしまう。これにより大きな形の進化が起きるのではないかという研究者もいる。

実際に、タイミングが早く発生してしまったり、ある部分が遅れてしまったりすることがある。人間は「ネオテニー」（幼形成熟）という、年は取っても発生が遅れ、なかなか大人にならない現象により進化したと考えられている。ネオテニーの原因は遺伝子発現のタイミングの変化にあるのではないかと思われる。たとえばサルに比べれば、人間は大人になっても毛が少ない。頭も相対的に大きい。こういうのはネオテニーの形質ではないかといわれている。

遺伝子のスイッチ

接着因子と忌避因子の働きは、生物の形の形成にとって重要な意味をもつが、それだけでは生物の形は作ることができない。さまざまな組織をどこに配置するのかという疑問が解決されないからだ。

どんな場合でも、何かを決めようとする時には、まず大枠を決め、次第に細かいところを決めていくという順序を経る。形を発現させる時にもまず大枠を決め、それから細かいところを決める仕組みになっているようだ。

動物なら、形を決める時にまず二つのことを決めなければいけない。ひとつは、どちらが頭で、どちらがお尻《しり》かということ。これを決めないと形は決まらない。しかし、人間は左右対称だが背腹は非対称であるから、頭からお尻への軸を決めただけでは形は決まらない。二つ目の軸が必要になる。それは腹と背中を決める軸（背腹軸）である。すると、およそおおまかな形が決まってくる。

軸の決め方には二つの方法がある。

ひとつは、母体という外部環境。卵は母体の中に入っているため、当然その周りは母体の細胞に取り囲まれている。すると、周りの細胞あるいは組織から卵に情報が来る。卵の部位により、母体からの情報が違ってくるのである。つまり、母体の中に入っている位置によって、どちらが頭でどちらがお尻かが決まる。実際には、そういう母親由来の物質が卵の中に入ってきて、その濃度勾配《こうばい》に従って次の遺伝子にスイッチが入り、前のスイッチとうしろのほうで入るスイッチが微妙にずれてくるので、その結果、頭になるかお尻になるかが決まるのだ。

背腹軸が決まる原理もショウジョウバエなどでは基本的に同じである。ところが、両生類などでは、精子が卵にぶつかって入った付近がお腹になり、その反対側は背中になるという具合に、精子が入る位置によってお腹と背中が決まるようである。このことからわかるように、二つの軸はエピジェネティック（後成的）に決まるのだ。

お腹と背中、それから頭とお尻が決まると、どのように発生していけばいいのかがおよそ決まる。先にも述べたように、情報はただのんべんだらりと存在しているわけではない。発生は時間に沿って、順番に形が変わる。最初に、ある遺伝子が発現することにより何かのタンパク質が形成され、そのタンパク質が働きかけてある形質を発現させ、それと同時に次の遺伝子にスイッチを入れる。次の遺伝子にスイッチが入ると、そこでまたタンパク質なりＲＮＡなりができる。それがまたさらに次の遺伝子のスイッチを入れる。このように、遺伝子のスイッチが次から次へと入っていく。これを「カスケード」という。

カスケードとは「階段状に連続する滝」のことだが、最初にどこの遺伝子にスイッチが入ったかにより、カスケードが異なってくる。極端にいえば、最初のスイッチの入れ方を間違ってしまうと、全くヘンチクリンな生物になって死んでしまう。たとえば最初のマスターキーになるような遺伝子が、突然変異で異常を起こしてしまうと、そういう胚は致死的になり発生できなくなってしまう。一個が狂ってしまうと、異常なカスケードが形成され、最終的には形がデタラメでだめになってしまう場合もある。

また、カスケードは、頭のほうとお尻のほう、腹のほうと背中のほうでは微妙に違う。最初に入ったスイッチによって、背中のほうで発現していく遺伝子群と腹のほうの遺伝子群が、微妙にずれて、こちらは背中、こちらはお腹、こちらは頭、こちらはお尻、という具合に形ができていく。

本来、細胞とは物質の塊である。細胞が分裂して、次から次へと細胞ができても、あちらの細胞に入っている遺伝子もこちらの細胞に入っている遺伝子も、総体としては同じなのだ。しかし、その遺伝子の働きの違いによって、背中は背中、お腹はお腹と形が決まっていく。

決定と誘導

発生にはそのようなおおまかな話の他にも、細かいところがまだたくさんある。たとえば発生で昔から知られている現象のひとつに、「決定」がある。決定とは、形ができる前から、ある部分が何になるのか決まってしまうことである。たとえばある遺伝子のスイッチが入り、タンパク質が作られて、そのタンパク質が次の遺伝子のスイッチを入れ、あとは自動的に進むという過程がある。一番最初の遺伝子にスイッチが入った時はまだ、外見上は何の変化もないのだが、結果はすでに決定されているので、それ以外の変化はできなくなってしまう。これを、発生における決定という。

自殺せよというアポトーシスの決定が起きると、その細胞は何日後かには絶対に死ぬと決まる。たとえば決定が起きて二〇日経つと細胞が死ぬとしよう。死の二〇日以前にその細胞を採取して培養すると、本来死ぬべき時がきても死なない。つまり、その時点では死がまだ決定されていないのである。ところが、死の五日ぐらい前に採取した場合には、その時点ではピンピンしているのだが、五日が経つと死んでしまう。

ということは、これはすでに死が決定されていることになる。すでに死刑宣告が入って遺伝子系が動き出しており、シャーレの中であっても自分の運命を甘受して死ぬ。しかし、その決定が入っていない時に採取すれば、この細胞はどんどん分裂して、もとの自分の同胞の細胞が死んでも生き続ける。

極論だが、人間なら死刑と裁判官に決められても、逃げてしまえば天寿を全うできる。その点、細胞は非常に従順で、「三日後に死刑」と決められれば、どこへ行ってもきちんと三日後に自分で死ぬ（偉いといえば、偉い）。

このように、一度決定されてしまうと、もう後戻りがきかない。別のいい方をすれば、決定されるまでは、形は決められず、細胞も何になるかわからないのである。

形態の発生に関するもうひとつの仕組みに、「誘導」がある。誘導とは、ある形質ができて、その形質が隣の組織に働きかけ、それを特別な形質に変化させていくという現象である。例として、眼の形成を挙げてみよう。眼は脳の神経が伸びてくることにより作られる。脳の神経が、皮膚に突き当たると、皮膚のその部分が誘導されて眼になる。普通は、脳の末端から少し脇が膨らんで左右に伸びていく（真ん中の最末端の部分は鼻になる）。それが皮膚にぶつかったところが眼になるのだが、途中で伸びていく片方の神経をチョン切ってしまえば眼は一個しかできない。

不思議なことに、眼に誘導される側は、感受性の時期が厳密に決まっている。要するに、誘導する側も誘導される側も、そのタイミングがすべて決まっているのだ。誘導される側がたまたま都合がいい条件だった時に誘導する側がうまく当たると、誘導される側にスイッチが入って眼になる。それが一週間でもずれたりすると、もう眼にはならず、そこは皮膚になるよう決められてしまう。皮膚になることが決まったあとに神経が来ても、すでにそこは眼に誘導できなくなっている。

誘導と決定は、細かい形を作る時には非常に重要となる。極めて微妙なタイミングが重要で、少しでもそのタイミングがずれると、形がうまくできない。

このように、形の形成とは、最初は何になるかわからなかったものが、情報が次々と来ることによって次第に選択肢が限定されてゆき、最後はある形以外には絶対になれなくなるという、可能性をどんどん限定していくプロセスなのである。

哺乳類の首の骨は七つ

先に背腹軸の説明をしたが、人間のような脊椎動物と、昆虫のような無脊椎動物とでは、お腹と背中が引っくり返っているようだ。つまり、どこで逆転したのかはわからないが、昆虫ではお腹を作っている遺伝子群が、人間では背中を作り、昆虫では背中を作っている遺伝子群が、人間ではお腹を作っているのである。確かに昆虫の神経は「腹部神経系」といってお腹にある。昆虫の場合、消化管は背中にある。

ところが、人間は逆で、背中のほうに神経がありお腹のほうに食道や消化管がある。「背に腹はかえられない」という諺《ことわざ》はあるが、発現している遺伝子をいろいろと調べた結果、背と腹が変わってしまったという見方が、どうやら正しいようである。

このように、形は遺伝子の発現システムを少しずつ変えることによって、かなり融通無碍《むげ》に変えることができるようだ。ただし、変えられない部分もあり、たとえば一度脊椎動物になってしまったものは、脊椎動物以外にはなれないという非常に強い拘束性がある。それも遺伝子の発現とある程度関係しており、あまり初期の段階で胚をいじくると、以後の発生が進行するという保証はなく、大抵は生き延びることができない。

しかし最後のほうで変更すれば、少なくともその段階までは生きているわけだから、その変更さえうまくいけば生き延びる可能性は高い。最後の変更は、システムそのもののクラッシュを引き起こさない可能性が高い。一方、はじめのほうの変更ほどシステムに与える影響が壊滅的になってしまうことが多い。ひとたびできあがってしまった形を変えることが難しいのは、その発生システムを初期の段階で変えると死んでしまうことが多いからなのである。したがって、あるシステムが立ち上がるとそれは強い拘束性をもつことになる。

哺乳類《ほにゅう》の首の骨（頸椎《けいつい》）は七つである。それは、発生システムのどこかで決まってしまったことなので変更するのは難しい。キリンの首も、カバの首も、人間の首もすべて七つである。クジラには首がないように見えるが、きちんと首があり、骨はやはり七つなのである。

哺乳類の首の骨が七つというのは、ほぼ決まっているようだ。ナマケモノの中には、六つ（ホフマンナマケモノ）、九つ（ミツユビナマケモノ）というのもいるが、ほとんどの哺乳類は七つである。

ところが、同じ首が長くても、エラスモザウルスという中生代の首長竜は、首の骨が三十数個もあった。そうかと思えば、同じ中生代のタニストロフェウスという首の長い水棲爬虫類《すいせいはちゅうるい》は首の骨が一〇個ぐらいしかなく、一個一個の骨を長くしていた。爬虫類は首を長くするために首の骨の数を増やすことも、あるいは骨自体を長くすることもできるのだろう。しかし哺乳類は、首の骨は七つというシステムに決まってしまった。

拘束性があるおかげで、生物は形を保つことができるようになった。しかし、あるところまでいくと、その形を守ったうえでしか進化することができなくなる。一般的な教科書には「突然変異と自然選択でどんなものでもできる」かのように記載されているが、形には拘束性があるので、一度脊椎動物になってしまったものはなかなかその拘束を外すことはできないし、昆虫になってしまったものはなかなか昆虫以外のものにはならない。

遺伝子をいじくっても結果は同じである。ショウジョウバエでどんなに遺伝子組み換えをやっても、別種の生物にはならない。やはり、何らかの拘束性がある。発生における拘束性の根本原因は何なのか。それは解くべき課題として残されている。

二　遺伝子は生命の設計図か？

遺伝子とシステム

現在では、知らない人が誰もいないほど、「遺伝子」という言葉は一般的になっている。しかし、二〇世紀になるまでは、遺伝子という言葉すらなかったのである。メンデルが、「エレメント」の存在を考えたのが一八六五年頃の話である。当時はまだ遺伝子という言葉はなく、メンデルの法則が再発見された（一九〇〇年）後の一九〇九年に、ヨハンセンが遺伝子（gene）という言葉を提案してから、広くこの語が使われるようになった。

遺伝子がDNAだとわかってきたのは一九四〇年代になってから、DNAの構造が決まったのは一九五〇年代である。現在までに、半世紀少ししか経ってない。遺伝子ばかりでなく、DNAという言葉も今や常識となり、「走りのDNA」などと、車の宣伝キャッチコピーにまで使われるほどである。ところでDNAと遺伝子はほとんど同義に使われることが多いが、厳密には機能をもつDNAだけを遺伝子という。人間では遺伝子は全DNAの五パーセントに満たないと言われている。

遺伝子は生命の設計図で、生物のすべてを決定しているかのようにいわれているが、少なくとも半分は間違いである。前節で述べたとおり、遺伝子の発現パターンと形が対応していることから考えれば、遺伝子は確かに生命の設計図といえないこともない。しかし、生物とはどういうものかを考えれば（第一章第一節を参照）、生物はオートポイエーシスにより、自分で自分を次々と変える、すなわち、情報を含めたシステムそのものを変化させているのである。

DNAは遺伝情報だということになっているが、遺伝情報だけでモノができるのかといえば、どんな場合でも情報だけでモノはできない。コンピュータでも、入力した情報で何かができるためにはシステムが不可欠である。「二三本の染色体に三二億塩基対のDNAが乗っている」ことをはじめとして、人間のDNA配列はすでに解明されてはいる。ではDNAから人間を作り出せるかといえば、それは無理というほかない。

近年の遺伝子工学の進歩により、遺伝子組み換え実験がいたるところで行われているが、それらはすべて細胞の中でしかできない。細胞というシステムがなければ、情報がいくらあっても発現はしない。細胞の中で遺伝子が機能しない限り、遺伝子だけで生物はできないのである。

エーテル蒸気で変異が起きた

このように、DNAとDNAを発現させるシステムの双方を考えると、何がシステムを作っているのかという問題が出てくる。これはかなり悩ましい問題なので、まずは、実験などでよく使われるショウジョウバエを例に、システムや形を発現させるのは、遺伝子という情報だけではないという話をしておきたい。

ショウジョウバエには翅《はね》が二枚しかない。

昆虫には胸が三個あって、一番上の胸を前胸《ぜんきょう》、真ん中を中胸《ちゅうきょう》、一番下を後胸《こうきょう》という。普通、翅は中胸と後胸に生えており、前胸には生えていない。脚は、一番前が前胸に、あとの二つが中胸と後胸に、それぞれ一対ずつ合計六本生えている。ところが、なぜか翅は二対なのだ。本当なら、前胸にも翅が生えていて、翅も脚も三対ならピッタリのはずである。実際、最古の翅が生えた昆虫の化石には翅がきちんと三対あるのだ。

ところが、翅は三対付いていると制御が難しく飛びづらい。一説によると、翅は最初は飛ぶためにあったわけではなく、体温調節器官の役割を果たしていたのではないかともいわれている。そもそも最初の昆虫には翅はなかった。何かのはずみでできてしまったあと、翅が飛ぶことに使えるかもしれないと気付いたものがいたのだろう。翅をふっと広げたら風が来て飛べたので、飛ぶのに使おうということになったのかもしれない。いざ飛んでみると一番前の翅は不便だから捨ててしまった。その結果、翅が四枚という形でずっとやってきたと思うのだが、そのうち、もっとうまく飛ぶには、翅が四枚より二枚のほうがいいかもしれないと考えた昆虫がいた。それがハエである。

飛行機の歴史を見ればわかるが、リンドバーグが大西洋単独横断飛行に成功した頃の飛行機は複葉機だった。それがだんだんと翼も洗練され、今のジェット機などは、ほとんどが翼は一対である。後ろのほうに小さな尾翼が付いているが、同じものがハエにもある。後胸に平衡を取るための平均棍《こん》という器官が一対付いている。

さて、突然変異によって翅が四枚のショウジョウバエができることがある。「ホメオティック・セレクター遺伝子」という遺伝子に突然変異が起こると、突然変異の起こり方によっては、四枚翅のショウジョウバエが出現する。ところが遺伝子に突然変異が起こらなくても四枚翅のショウジョウバエができることがあるのだ。発生途中にある胚《はい》に、エーテルの蒸気を当てる。すると、およそ四分の一ほどの確率で、翅が四枚に変異したショウジョウバエ（これを「バイトラックス」という）が出現する。

このような変異を「表現型模写」という。遺伝子が正常なのに表現型は異常遺伝子の表現型を真似るのでそう呼ばれる。本来は遺伝子情報の変化によって形ができるはずが、エーテルという遺伝子情報と全く関係のないものでも変異が生じるとすれば、エーテルの情報が遺伝子情報の代わりを果たしたことになる。つまり、形態形成情報は遺伝子だけからくる必要はなく、外から来ても機能するのである。

本章第一節で紹介したカスケードの話を思い出していただきたい。発生とは、遺伝子に次々とスイッチが入っていく現象だから、遺伝子系以外から来た物質がそれをどこかで止めてしまうと、別の形ができる。あるいは、ある遺伝子のスイッチが入らないようロックしてしまえばいい。その結果二枚の翅が四枚になるとすれば、ブロックの役目を果たすのは、遺伝子の突然変異ではなく、エーテルでもかまわない。情報とは、遺伝子情報であれ、外から来る情報であれ、表現型にとっては区別ができないのである。

それにもかかわらず、なぜ遺伝子が重要なのか。それは、エーテルは外から与えられた一代限りの情報だが、遺伝子はシステムに対してくり付けの情報であり、その情報自体が遺伝するからである。この意味では、「遺伝子は設計図だ」とはまさにそのとおりで、通常、遺伝子が変わると形は変わり、遺伝子が変わらなければ、基本的に形は変わらない。

システムが遺伝子を解釈する

ところが、遺伝子だけですべてが決まるかと言えば、なかなかそうはいかない事情がある。システムが変わってしまうと、同じ遺伝子が別に解釈されることがあるのだ。

コンピュータにはOSがあり、いろいろなソフトを入れ、キーボードで入力をして、画面で何か操作をするが、システムが異なれば、同じような操作をしても違う結果が出てくる。つまりシステムを根本的に変えてしまうと、同じ情報が別様に解釈される事態が起こる。

眼を作る有名な遺伝子に、「パックス6遺伝子」というものがある。これは、ショウジョウバエにも人間にもある遺伝子なのだが、この遺伝子が駄目になると、人間の場合なら、眼の異常が出てくる。マウスであれば、眼が正常な大きさにならずに小さい眼（スモールアイ）になる。

ショウジョウバエには、眼がなくなってしまう「アイレス突然変異」という現象があり、その原因を突き止めていくと、「アイレス遺伝子」という遺伝子が関係していることがわかった。アイレス遺伝子という名称は語義矛盾だと思う。というのも、アイレス遺伝子が異常をきたした場合に眼がなくなるのであり、正常なアイレス遺伝子ではきちんとした眼ができる。

ショウジョウバエとは別に、哺乳《ほにゅう》類で眼を作る遺伝子を突き止めていったところ、その遺伝子はパックス6というタンパク質を作っている遺伝子だとわかった。

パックス遺伝子族という似たような遺伝子が、パックス1、パックス2、パックス3……とあって、パックス6はその中の六番目の遺伝子なので、パックス6遺伝子という。

哺乳類の場合、パックス6遺伝子は眼を作らせる親玉のような遺伝子である。パックス6タンパク質をコードしており、それが次の遺伝子にスイッチを入れ、その遺伝子がさらに次の遺伝子にスイッチを入れるというカスケードを形成していると思われる。

哺乳類に見られるこのパックス6遺伝子が、実は昆虫の場合のアイレス遺伝子とほぼ同じだったのである。昆虫学者と哺乳類学者は、最初は別々に研究をしていた。ところが両者を比べてみたところ、ほぼ同じ塩基配列だということがわかった。同じ遺伝子配列に、別々の名前を付けていたのである。

塩基配列がほぼ同じ遺伝子にもかかわらず、なぜ昆虫では複眼を作り、人間やマウスなどの哺乳類ではレンズ眼を作るのだろうか。もしかしたらほんのわずかの塩基配列の違いが重大なのかもしれない。

マウスのパックス6遺伝子を取り出して、ショウジョウバエの中に入れた実験がある。ショウジョウバエは変わった生物で、体の適当な場所に遺伝子を強制発現させる系統を作ることができる。たとえば、ショウジョウバエの脚にパックス6遺伝子を入れ、脚に眼を発現させることができる。パックス6遺伝子で発現させた眼は、ショウジョウバエの眼、つまり複眼になる。両者の遺伝子の働きはやはり同じなのだ。

同じ遺伝子が、ショウジョウバエの体の中で働くとショウジョウバエの眼を作り、ヒトの体の中で働くとヒトの眼を作る。遺伝子自体ももちろん重要ではあるが、遺伝子は情報にすぎず、その情報をどのように解釈するかというシステムはさらに重要だということである。確かに、遺伝子は生物の設計図には違いないが、遺伝子を解釈するシステムがあってはじめて形ができる。すると問題の核心は、そのシステム自体はどのようにできるのか、あるいは、システムがなぜ変わるのかということになる。

パックス6遺伝子（要するにアイレス遺伝子）は、ショウジョウバエや哺乳類だけにあるのではなく、もっと下等な、たとえばサナダムシといった、眼のない生物にも存在する。

そのような生物では、パックス6遺伝子はどのような役割を果たしているのか。サナダムシはパックス6遺伝子の使い方をまだ知らないのかもしれない。遺伝子は〝くくり付け〟の情報であるから、システムがどんどん進化すると、システムは遺伝子を適当に組み合わせて自分の中に組み込み、自身の体をうまく作るための道具に使う。そこでは、同じ遺伝子が繰り返し使われ、遺伝子自体はあまり変わらずにその使い方が変わることの方が多い。つまり、生物の形は、結果的には遺伝子が作ると記述するのが一番簡単なのだが、実は生物のシステムが遺伝子をうまく使い回しているのである。先ほどの例でいえば、アイレス遺伝子やパックス6遺伝子は眼を作るために必要なものではあるが、その遺伝子をどう使うかは、システム自身の問題である。

当然、同じ遺伝子を使って違うものを作ることもできるが、違う遺伝子を使って同じものを作ることもできる。においを嗅《か》ぐ神経である嗅《きゅう》神経は、哺乳類である人間とマウスでは構造も基本的に同じなら起源も同じ（相同）であるが、もともと同じはずの神経が、全く違う遺伝子を使って発生しているらしい。

システムが主、遺伝子が従

そう考えると、遺伝子を形の設計図とするのは間違いではないが、遺伝子が生命を作っているといえば、それはちょっといい過ぎではないだろうか。遺伝子は確かに形の形成に関係しているが、生命そのもの、あるいはシステムそのものを作っているかどうかは疑わしい。もちろん場合によっては、遺伝子が変わることによってシステムそのものが変わってしまうこともあるかもしれない。

今日、遺伝子の話題になると、主従関係でいえば、遺伝子が主でシステムが従と考えられている。しかし、本当はシステムが主で、遺伝子は従と考えたほうがよい。

最初の頃、生命には遺伝子などなかったのではないかと思う。最初の生命は、タンパク質が相互作用しながらぐるぐると回り、オートポイエティックなシステムを作り上げていたと思われる。それを安定的に保持するには、そのシステムにコンスタントな情報を入れておいたほうが便利である。どこかで、DNA（あるいはRNA。RNAのほうが古くできたといわれている）を相互作用させ、その情報をうまく使い、システムを回しはじめたのだろう。

たとえば、会社のシステムで考えてみよう。最初は同族や友達同士でなんとなく始めた会社であっても、規模が大きく複雑になるにつれ、情報管理がうまくいかないと収まりがつかなくなる。そこで、会社の中で一番年を取っているか、あるいは一番出資額が大きい誰かが社長に決まり（理由はさまざまだろう）、重役が決まり、従業員が決まり、会社を運営しているうちに、社長が一番偉いかのようになり、情報やシステムの中心には社長がいるかのようになってくる。しかし、社長といえどもシステムの駒にすぎない。

システムが完全な形でできあがっている生物から見ると、遺伝子から情報が発信されてすべてを作っているように見えるが、システムができあがった当初はもう少しあいまいではなかったかと思う。システムが変わってしまえば、遺伝子の使い方も変わってしまうかもしれない。

人間とチンパンジーのDNAは九八・七七パーセントまで同じで、一・二三パーセントしか違わない。ところが、実際の見た目はあれほど違うのである。何が違うのか。恐らく、遺伝子の使い方が違うのである。

一万人規模の会社があり、仮にその九八・七七パーセントの社員をひきつれて別の会社を作ったとする。両者が全く違う業種の会社で、システムも全く違えば、中で働いている人間はほとんど同じでも違う会社になる。ということは、会社は個々の社員で決まるわけではなく、その社員をどういったシステムでどのように使うかという、使い方の問題が一番大きいということになる。

遺伝子はシステムを変えられない

では個々の人間の違いはどうか。システムは基本的に同じだから、最終的に個々人の違いを決めているのは、発生環境と遺伝子であろう。

人間同士のDNAは九九・九パーセントまで一緒で、最大でも〇・一パーセントしか違わない。しかし〇・一パーセントといっても、塩基数にして三〇〇〇万塩基対ほどの差があり、それで、遺伝的な違いはだいたい決まっていると思われる。人間の遺伝子ならシステムは同じだから、たとえば白人の卵細胞の中から核（この中にすべての遺伝子が入っている）を取り除いて、そこに黒人の核を入れれば、それは黒人になる。

しかし、同じことをチンパンジーと人間でやったとしても、うまくいかないだろう。遺伝子至上主義者の学者の中には「人間の受精卵の核を取ってしまい、代わりにチンパンジーの核を入れて発生させて、母胎の中に戻せばチンパンジーが生まれる」といっている人がいるが、そんなことはありえない。チンパンジーの遺伝子システムと人間の遺伝子システムはかなり違うから、胚は不調和を起こして、死ぬであろう。

システムが同じという前提のもとでは、確かに個々人の違いの多くには遺伝子が関与している。同じ大工（システム）が同じ設計図（遺伝子）を見れば同じ家（形質）を建てるが、設計図の読み方が違う大工が家を建てれば、別の家が建つ。では、その大工は何が作ったのか。設計図が作ったわけではないのは確かだ。ただし生物の場合は、設計図とシステムがはっきり分けられない。そこが難しいところである。

たとえば、遺伝子Aが突然変異を起こして、A′になったとする。それがシステムを変えて、形も少し変わったとしよう。その変わったシステムの中で、次に遺伝子Bが突然変異を起こしてB′になり、また形が変わったとする。逆に、最初に遺伝子Bが突然変異を起こしてB′となり、システムが変わったところに遺伝子Aが突然変異を起こしてA′になったとする。すると最初のシステムとあとのシステムでは前提が違うため、結果が違ってくる可能性がある。突然変異の順番が非常に大事なのである。

このような極端な場合だと、同じ遺伝子型を有していても、突然変異の順番が違うので前者のシステムと後者のシステムは微妙に違ってきてしまい、形も違ってくる。遺伝子だけを調べても、なぜ形が違うのか原因はわからないのだ。このことから考えても、遺伝子が生命のすべてを決めているのかといえば、なかなかそうはいかない事情があるのだ。遺伝子の変化によりシステムが変わると想定しても以上のようなことが考えられるのだから、ましてや遺伝子と無関係にシステムが変わる場合は、遺伝子型だけ調べても形態形成の真相はわからない。

細かいところはだいたい遺伝子と発生環境で決まっていても、大きなシステムのようなものは、遺伝子で決まっていない可能性が強い。だからこそ、遺伝子を操作しても、種の壁を越えるようなブレイク・スルーは起きないのである。

今、遺伝子組み換え実験を、作物やショウジョウバエ、大腸菌などで広くやっているが、大腸菌にどんな操作を加えても、大腸菌は大腸菌、ショウジョウバエはショウジョウバエにしかならない。ショウジョウバエが特別に変なハエになったという話は聞いたことがない（せいぜい奇形のショウジョウバエができるだけである）。遺伝子ではなかなか変えられないシステムがあるのだろう。

三　人は一種、昆虫は三〇〇〇万種――多様性のなぞ

生物の多様性と進化論

昔の人は、自分の周りにどのぐらいの種類の生物がいるかなど、見当もつかなかったに違いない。しかし、いろいろな生物がいるということは知っていた。植物学者や昆虫学者といった専門家を除けば、現代人は植物や昆虫のことなどほとんど知らないだろうが、一万年以上前の人たちは、生態系の中で暮らしていたから、非常にたくさんの動植物を知っていたのだろう。食糧確保という点からも、「これは食べられる」「これは食べられない」ということを熟知していなければならなかったはずだ。

なぜ生物の種類がこれほどたくさんあるのかは、彼らにとっても大きな疑問だったのではないだろうか。神様が生物をたくさん創ったとするのが最も簡単な答えである。実際のところ、キュウリがナスになったり、犬が魚になったという話は聞いたことがなく、生物の種は変わらないことが当たり前だったのである。

この考えを、「特殊創造説」といい、キリスト教ではすべてそのように考えられて

いたし、普通の人も種が変わるなどとは考えていなかった。

「種が変わる」という説をまがりなりにも述べたのは、アリストテレスである。今から二三五〇年も前の話だ。アリストテレスは、生物は無生物からできてきたり、人間の腐ったはらわたや食物の残りかすから寄生虫ができてくるように、自然発生や異種発生を考えていた。しかし一般的には、やはり「大きな生物は神が創った」と思われていたのである。

ところが、近代になりキリスト教会の権威が衰退するとともに、「生物は神が創ったのではない」と考える人々が現れてきた。神の創造によってではなく、生物多様性の根拠を説明しようとして生まれたのが「進化論」である。生物がこれほど多様なのは、生物が進化することに原因がある、とするのが初期の進化論者たちの考え方だった。

初期の進化論者で最も有名なのはジャン＝バティスト・ラマルクとチャールズ・R・ダーウィンである。ラマルクは、生物には自ら高等になる能力があるとして、最初に自然発生した生物が徐々に進化して、現在の人間になったと考えた。次に自然発生した生物も、やはりどんどん進化して、人間より少し下のサルぐらいになり、つい昨日自然発生した生物は、たとえばゾウリムシになっていると考えたのである。この理論ではゾウリムシも人間と同じぐらい時間が経てば、人間のように高等な生物になるのだろうが、では、その時人間は何になっているというのだろうか（天使か何かになっているという話になってしまう）。

そのうち、パスツールが綿密な実験を行った結果、生物は少なくとも現状では自然発生をしないということがわかった。自然発生しないのであれば、ラマルクの説は全く成り立たなくなる。やはり生物は神が創ったのではないかという話になりかねない。そこに登場したのがダーウィンである。ダーウィンは現代進化論を打ち立てた人物であり、生物は種がどんどん分岐して多様化していると説いた。進化の必然的な結果として、生物が多様化し、いくつもの種に分かれてきたと考えたのである。

ダーウィンの著書『種の起源』には、ひとつの生物種が次々と分岐して多様化する図があるが、掲載されている図はこの一点しかない。ダーウィンが多様性の原理に進化を考えていた証拠であろう。

多様性の謎

多様性にはいくつか謎があり、そのひとつは、分類群によって種の数に大きな違いがあるのはなぜかというものである。たとえば、人間は一種にもかかわらず、昆虫は三〇〇〇万種ともいわれている。哺乳類《ほにゅう》と昆虫類は同じランクの分類群（綱、ちなみに分類群は大きく分けると上から界、門、綱、目、科、族、属、種となる）であるが、種の数は全く違う。なぜ膨大な種を含む分類群と少しの種しか含まない分類群があるのだろうか。これは大きな謎である。

人類の場合も昔は何種も生存していたらしく、一〇〇万年ぐらい前の東エチオピアには四種類ほどの人類が共存していたようだ。そう考えれば、人間ももとは一種ではなく分岐して多様化していったのだが、時間と共に他の種はみな滅び、一種だけが残ったのかもしれない（詳細は第三章第五節を参照）。

昆虫の種の数はなぜ三〇〇〇万種と推定されたのだろうか。アメリカの昆虫学者であるアーウィンが、熱帯のある一本の樹を薫蒸《くんじょう》し、その樹に固有の虫がどれだけいるかを調べた。その数に熱帯固有の樹の種類数を掛けた結果、三〇〇〇万という数字が得られたという話だから、本当に三〇〇〇万種いるかどうかはわからない。私は、三〇〇〇万は少し大袈裟《おおげさ》で一〇〇〇万ぐらいではないか、と思っている。

そのうち、名前が付いている昆虫は、せいぜい一〇〇万種ぐらいで、少なく見積もっても、昆虫の場合九〇パーセントは「名無しの権兵衛《ごんべえ》」ということになる。

熱帯に行くと、名前のない虫がたくさんおり、むしろ名前のある虫の方が珍しい。昔の武士ではないが、「これはさぞかし名のある虫に違いない」というぐらい大きくて綺麗《きれい》な虫には、大抵名前が付いている。しかし、五ミリに満たないゴミのような虫は、名前のない虫であることが多い。

多様性については、もうひとつの謎がある。昆虫に限らず、なぜ熱帯に種類が多いのかという点である。

この謎は、今でも生態学上の大問題となっている。熱帯は暖かくて雨もたくさん降るので生産性が高く、北のほうは温度が低く冬場も長いので生産性は低いことは簡単にわかる。しかし、なぜ温度が高くて生産性が高いところにたくさんの生物種がいるのかは、生態学そのものの大きな謎であり、高名な学者がいろいろと考えてもまだよくわかっていない。生産性が高ければ、たくさんの生物の数を養えることはわかる。しかし、数が多いことと種が多いこととは別であり、なぜ数が多くなると種が多くなる必然性があるのだろうか。

温帯やそれ以北へ行くと光量が少ないため、樹が一本生えるとその下には光が充分に届かず、樹が何層にもなることはない。一方、熱帯は温度も高く、太陽光線の角度が垂直に近く光量が多い。雨がたくさん降り水もあるので、高木層、中木層、低木層があり、またそのさらに中間の層があるというように、五層にもなることができる。その際、高木に成長できる樹と低木のまま成長が止まる樹はもちろん種類が違うので、少なくとも五種は生存が許されることになる。しかし、北極に近いところは一種、熱帯では五種ということならばわかるが、実際に熱帯に棲息《せいそく》する樹木は、五種どころか極めて多い。

シベリアのタイガでは、数種類の樹しか生えていない。ところが熱帯に行くと、五種、一〇種どころではなく、極端に言えば、同じ種類の樹を見つけることのほうが大変なほど、同じ木はまばらにしか生えていない。周りの樹はほとんどすべて違う種類なのである。

虫も同様で、熱帯へ行くと、次から次へと違う虫が捕れる。ところが、北のほうで虫を捕ると、飛んで来る虫の種類数は限られており、多様性が非常に低い。

なぜなのだろうか。アメリカのエドワード・O・ウィルソンも、熱帯は安定した時期が長かったことを理由に挙げている。これは首肯できる説だと思う。

ダーウィンが述べたように、生物は進化によって次々と分岐して多様化していくと考えてみよう。その前提のもとに考えると（なぜ進化の結果多様化するのかについては第三章を参照）、たとえば温帯では安定な時にはどんどん多様化していき、たくさんの生物が棲息していたとする。しかし、氷河期になると、非常に寒くなって、多くの生物が絶滅してしまい多様性は減少してしまう。そして氷河期が終わると再度多様化していくことを繰り返す。

亜寒帯辺りになると、周りが一様に氷に閉ざされてしまうため、生物はほとんど絶滅してしまい、次に進化して多様化するまでには時間がかかる。そして、進化の途中でまた氷河期がやってきて絶滅してしまう。結局、その繰り返しで、最大限に多様化する前に、出る杭《くい》が打たれるようにいつも多くの生物種が絶滅してしまう。最終氷河期が終わってまだ一万年ぐらいしか経っていないことを考えると、亜寒帯辺りの生物の種類が本当に少ないのもうなずける話である。

熱帯はどうか。非常に寒い時でも氷の世界になるわけではないため、多くの種は絶滅しないで残っている。もちろん乾燥化したり砂漠化したりして駄目になってしまうところもあちらこちらにあるのだが、周りのどこかに必ずもとの生物種が残っており、そこが供給源になる。しばらくして氷河期が過ぎ去ると、棲息可能な範囲が拡がり、そこへいろいろな生物が入ってくることができる。

熱帯の他にも常に安定的なところがある。深海である。昔はなかなか調べることができなかったが、最近では、海の底の生物はかなり多様であることがわかってきている（熱帯のサンゴ礁よりは少し低いかもしれない）。

考えてみれば、深海にいる生物は、上から落ちてくるものに食糧を依存している。中には、化学合成をする細菌に依存している生物もいるが、それはわずかである。生産性が高くないにもかかわらず、かなりの生物多様性を保持している理由は、何億年かにわたって環境が安定しており、強制的なリセットがなかったからであろう。

種を決めるシステムの違い

熱帯では、何億年かの間に、どこかしらに安定な生態系が残っていた。こう考えれば、熱帯の多様性が高い理由が説明できる。しかし、難しいのが、なぜ昆虫の種類数が特異的に多いのかという最初の疑問である。近年では線虫の種類数も昆虫に劣らず膨大だと言われている。この疑問は非常に難しいばかりでなく、現代生態学の枠組みにも入らないので、誰も疑問として取り上げようとしない。要するにただの偶然だということにしたいらしい。しかし、私はとてもそうは思えない。

私見では、哺乳類と昆虫（あるいは線虫）では、種を作るシステムが違うのではないか。ゲノムが九八・七七パーセント同じなのに、チンパンジーとヒトが異なった種であるのは、ゲノムを解読するシステムが少し違うのではないかという話は先に述べた（本章第二節を参照）。しかし昆虫の場合は、システムは同じでも遺伝子がほんの少し変わるだけで、私たちが見ているようないわゆる「種が違う」状況になるのではないだろうか。

これは哺乳類と、昆虫とでは、「種が同じ」というレベルそのものが違うということである。私たちは、形だけではなく交配可能性などの観点から、「これらは種が同じだが、こちらは種が違う」と認識しているのであり、発生システムの違いなどで種を分けてはいない。昆虫は遺伝子が少し違ったぐらいでも、別の種になってしまう可能性がある。安定的なゲノムの幅が非常に狭く、少しでもその幅を超えると別の安定点に落ちついてしまい、それがみな種というかたちで現れるのだろう。人間などは、かなり配列が変わっても、交配可能なゲノムの幅が広く、種としての同一性を維持できるということではないだろうか。

昆虫の種を決めているゲノムを含むシステムと、脊椎《せきつい》動物、とりわけ哺乳類の種を決めているシステムは違う可能性がある。そして、そう考えれば、あるグループだけ種類が多いのは、確かに説明できる。

昆虫は小さいから種類も多いのだという考え方もあるが、細菌の種は昆虫ほど多くない。細菌は種の輪郭があまりはっきりしておらず、形も融通無碍《むげ》に変わる。昆虫の場合は、外骨格がしっかりとしているため、ちょっとした形の変化が目に付きやすいということもある。元の形に戻ることが難しいということもあるのかもしれない。

なぜ、種は分岐して次々と増えていくのか。ひとつには「ニッチ」がある。ニッチは「生態的地位」と訳される。生物の種が増えるとニッチが増える。生物にも「すきま産業」をなりわいとするものがあり、Aという種とBという種がいると、必ずAやBに寄生する種が出てくるため、種が増えることによって、生態的地位そのものが増える。

魚が増えて排泄《はいせつ》をすれば、その排泄物を食べる生物が出てくる。他の魚の鱗《うろこ》を食う魚などといったニッチも開発される。ある程度まで種が増え出すと、ポジティブなフィードバックがかかってニッチが増え、加速度的に種が増えるという現象が起こるのだろう。

クラッシュが起きない安定した環境が続くと、ニッチが飽和状態に達するまで、とにかく種がどんどん増えていく。飽和状態になったあとは、種の交代はあるが、ニッチが増えない限りは種そのものは増えない。

今の熱帯はだいたい飽和状態にまできているのだろう。温帯はまだ飽和に達していないと思われる。

四　生存競争って本当にあるの？

種内競争と種間競争

生物は生き死にを繰り返すわけだから、うまく生き残る奴と生き残れない奴が出てくる。生き残ろうとしてあがくことを生態学の用語で生存競争という。

人間社会の場合を見てみると、最も強大な資本を有した会社が最も有利で優位になり、周りの会社を潰《つぶ》してしまうことがある。そうなると困るから、独占禁止法のようなものができるわけである。

しかし、生物には制約があるので、同じ種が何でも一番というわけにはいかない。何でもやろうとするジェネラリストは、どれも一通りはやるが、中途半端になってしまうという欠点がある。一方で、特殊な形態や生活様式を獲得して、あるニッチに完全に特化してしまえば、そのニッチが消えない限りは滅びないだろう。これはスペシャリストである。スペシャリストになって他に競争相手がいなければ、他種とニッチを取り合うというかたちでの生存競争はほとんど見られなくなってしまう。

生存競争は、同じ餌を巡って争ったり、同じ場所を巡って争ったりする時に最も激しくなる。生存競争が一番激しいのは実は種内競争なのである。人間なら同じ人間、虫なら同じ虫と競争するのは大変だ。交尾の相手を確保できなければ自分の遺伝子が残せないし、餌を取らなければ隣の奴に取られて自分が死んでしまう。

ダーウィン流にいえば、それは進化の原動力のひとつである。同じ種の中で、他の個体よりもうまくやった奴が遺伝子をたくさん残し、生物の種が全体として徐々に適応的になっていったとするのが、ダーウィンが唱えた「自然選択説」のひとつの骨子である。そういうかたちの生存競争は確かにある。

もうひとつの生存競争は、種と種の間の競争である。これは、「種間競争」と呼ばれている。種間競争には「ガウゼの法則（原理）」という有名な法則がある。これは「同じニッチをもつ生物は共存できない」というもので、高校の教科書などでは、ゾウリムシとヒメゾウリムシを同じ水槽に入れておくと、一方が次第に増えていき、もう一方は滅んでいく例が紹介されている。同じ餌を食べて同じ空間に棲《す》んでいる生物同士は、どちらかが滅んでしまう、というのだ。

しかし、全く同じニッチを持つことは現実的にはありえない。それでは両者は同じ種ということになってしまう。完全に同じニッチをもつなら、どちらかだけが滅ぶことはないと思う。極めて近いニッチを持っており、どちらかが有利でどちらかが不利という前提があってはじめて、一方が滅ぶのであり、完全に同じなら優劣は決まらない。偶然どちらかが滅んでしまうことがない限りは共存するに違いない。

現実に生存競争はあるが、自然の中では環境が水槽の中のように単一ではないため、それほど激しいかたちで競争が出てくることはあまりない。

有名な例として、「アズキゾウムシ」と「ヨツモンマメゾウムシ」を使った実験がある。どちらも豆を主食とするゾウムシで、小豆《あずき》を入れた実験槽の中にヨツモンマメゾウムシとアズキゾウムシを入れてやると、両方ともどんどん増えていく。そのうち、激しい生存競争が始まり、大抵はどちらか片方が滅んでしまう。

ここに共通の寄生蜂、つまり捕食者である「ゾウムシコガネコバチ」という蜂を入れてやる。すると、この蜂は両方のゾウムシに寄生する。アズキゾウムシが増えるとアズキゾウムシに多く寄生してその数を減らし、逆に、ヨツモンマメゾウムシが増えると、今度はそちらに多く寄生する。その結果、両方とも増加を抑えられてしまうため、どちらのゾウムシも相手を滅ぼすほど増えることができず、共存するのである。

自然界ではこのようなことが非常に多い。寄生蜂がいない昆虫はほとんどおらず、捕食者がいない昆虫もいない。つまり、競争の結果どちらかを滅ぼすほど一方の数が増えることを周りが許さない状況がある。そういう意味では、生存競争の結果、相手を滅ぼすことはそれほど簡単ではない。

在来種VS外来種

生存競争がもっとも典型的に現れるのは、外国から新しい生物が入ってきた時である。たまたま、侵入してきた種に有効な天敵がいないと、場合によってはものすごい勢いで増えることができる。天敵がいない舶来の生物と天敵のいる在来の生物という状況では、断然前者が有利である。結果として同じような餌、同じような空間を利用している場合は、在来種が極端に減少し(場合によっては絶滅し)、侵入種が取って代わってしまうことがときどき起こる。

通常はその逆である。新しく入ってきた生物の多くは新しい環境に適応できず、熱帯から入ってきた生物なら、一度冬が来て木枯らしが吹けば死んでしまう。ところが、たまたま環境がその生物に適しており、天敵もいないという場合には爆発的に増えてしまう。

西洋タンポポは、日本に入ってきてから凄《すさ》まじい勢いで増え、在来の関東タンポポは、あっという間に生存競争に負けてしまった。関東近辺なら、今やほとんどのタンポポが西洋タンポポになっているのではないだろうか。

一九三〇年頃、食用ガエルの餌として輸入されたアメリカザリガニは、養魚場から逃げ出し、それがあっという間に広がってしまった。日本在来のザリガニは山地の渓流にいて、田んぼの畦《あぜ》に穴を掘って棲むというアメリカザリガニのニッチは空いていたのである。

外来種の多くは、しかし、当初は爆発的に増えても、しばらくするうちに、個体数も落ち着いて安定してしまうようだ。在来種が外来種をあしらうすべを身につけるのだろう。

環境は常にコンスタントな状態であるわけではない。有名な例として、「コクヌストモドキ」と「ヒラタコクヌストモドキ」を使った実験がある。コクヌストモドキは、温度が低く乾燥している状況では非常に有利である。そのような状況下でこの両者を同じ飼育箱の中で一緒に飼うと、当然、コクヌストモドキだけになり、ヒラタコクヌストモドキは滅んでしまう。逆に高温で湿度が高い状況下では、ヒラタコクヌストモドキだけが生き残り、コクヌストモドキが滅んでしまう。ところが、飼育環境を周期的に変えてやると、両者が共存するのである。

日本の気候を見ると、夏は高温多湿で冬は低温乾燥だから、両方とも生き延びる。つまり夏になると、ヒラタコクヌストモドキが増えてコクヌストモドキが駄目になるが、冬になると、コクヌストモドキが有利になってヒラタコクヌストモドキが駄目になる。滅ぶ寸前に環境が変わり、いつまで経っても片方だけが勝ち残ることはない。この繰り返しなら、競争はあるがなかなか絶滅するまでには至らない。

このことからも、生存競争は種内でも種間でも確かに生じるが、環境が一律ではないところでは、それが顕著に現れて片方が絶滅するまでには至らないことが多いことがわかる。生態系にはいろいろな生物がおり、環境も変わっていくので、生存競争の結果Aという種がBという種を滅ぼしてしまう図式には簡単にならない。それが可能であるのは、特別にとんでもない武器を持っていて、何でもできるような動物、つまり人間ぐらいである。

生存競争があっても多様性は保たれる

環境がコンスタントな時には必ず生存競争があるのか、ということを考えてみよう。これはなかなか難しい問題であり、種内では環境がコンスタントなら、その環境に少しでも適した有利な変異体がどんどん増えて、少しでも不利な変異体が減るように思える。ところが、生物工学者の四方《よも》哲也《てつや》は、さまざまな大腸菌で生存競争の実験を行った結果、どうもそうではないらしいといっている。

大腸菌は、生存に必要なグルタミンを合成するため、「グルタミン合成酵素」と呼ばれる酵素をもっている。当然、その酵素の活性が高いほど合成速度が速くなる。周りにグルタミンの材料となる基質があるとすれば、その基質を使ってグルタミンを合成できる速度が速ければ速いほど、速く分裂・増殖することができる。

グルタミンを合成するのが遅い大腸菌と速い大腸菌がいた場合、合成速度が速い大腸菌のほうが増殖のスピードも速く、必然的に増殖スピードの遅い大腸菌を駆逐してどんどん増える。

大腸菌がこの世界に現れてから、相当長い年月が経っていることだろう。出現以来ずっとそのような進化が続いているのであれば、今の野生型の大腸菌は、自然選択の結果、最適な合成酵素を持っているはずである。単純にいえば、野生型に突然変異を起こしても、元の野生型よりも能率が悪い変異体ばかりになると考えられる。

ところが不思議なことに、人為的に突然変異を起こしてみると、確かに合成速度が遅くなる個体が多いのだが、そのうちの何割かは、より速い大腸菌になってしまう。ということは、現在の野生型大腸菌は、グルタミン合成酵素の活性に関して最適化されていないということである。

四方は、大腸菌はなぜ自然選択の結果最適化されなかったのかを不思議に思い、環境を一定にしていろいろな組み合わせでさまざまな変異体を一緒に飼育し、競争をさせてみた。たとえば普通の野生型大腸菌と合成酵素の活性が高い大腸菌とで競争をさせると、合成速度の遅い大腸菌は滅んでしまう。ところが、最も合成速度の遅い大腸菌（A）と最も合成速度の速い大腸菌（B）で競争させると、確かにAは数が少なくなっていくが、あるところまでいくと、BはAを最後まで滅ぼすことができず共存してしまうのである。

なぜそのようなことが起こるのか。四方の考えでは、確かにBはどんどんグルタミンを合成するのだが、あまりにも急激に合成するため、そのうち合成したグルタミンが自分の中から外に漏れ出してしまう。それをAが使って(食って)いるので、AとBを組み合わせて競争をさせると、両方が共存してしまうのである。

これは、環境とは外部環境だけでなく、自分以外の相手がいるかいないかということも環境になっていることを意味している。だから、相手が増えることによって、それのおこぼれをもらうような生き方をすると、進化という点では、効率のいいものが選択されるという単純な結果にはなかなかならない。たとえ物理環境がコンスタントでも、ひとつの変異型だけが優性になってそれ以外が滅ぶということではなく、互いのインタラクション(相互作用)があるため、多様性が保たれているのである。

自然界では、ある最適な変異体だけになり、あとはすべて滅んでしまうことには必ずしもならない。その変異体が増えることによって、他の変異体もそのおこぼれをもらって生き延びるようなシステムもある。なかなか独り勝ちという状況にはならないのが、自然の摂理のようだ。

生存競争自体は確かに存在するし、それは進化のひとつの原因ではある。しかし、生存競争があることによって生物は単純化されていくかといえば、そうともいえない。

生存競争があっても、なおかつ多様性を保っているのである。

近代の資本主義システムは、効率を最重要視するため、自然にまかせておくと、たとえばひとつの会社だけが生き残り、あとは潰れてしまうといった事態になりがちだ。だが生物はなかなかそうはならない。どこかでうまくシェアリングをし、駄目な奴は駄目な奴なりに、効率の悪い奴は効率の悪い奴なりに、うまく生きているのである。

五　性の不思議

有性生殖と無性生殖

「なぜ性があるのか」という疑問については、今でも非常に多くの議論が交わされている。拙訳にも『なぜオスとメスがあるのか』（リチャード・ミコッド著、新潮選書）があるが、難しい問題がかなりあり、どうもよくわからないことも多い。

性があることは至極無駄である。進化論的に考えれば、無駄なものは生存競争によって淘汰《とうた》されてもいいはずだ。それなのに性はなぜ普遍的なのかがまずよくわからない。

性はなぜ無駄なのか。自分で勝手に子供を産むことができてしまえば、エネルギーもかからず、自分の遺伝子をたくさん残すという観点からも有利である。相手が必要ということは、相手を選んだり、とにかく何かをしなければならない。ヒトの男性の場合なら、まず女性をデートに誘い、プレゼントを渡し、手練手管を駆使して口説き、散財をして、やっとのことで結婚にこぎつけ、子供を産んでもらえる（そうでない人もいるかもしれないが）。つまり、非常にエネルギーがいる作業なのだ。それは他の動物でもみな同じで、性のために費やすエネルギーは並大抵ではない。カマキリのオスなどは命懸けでメスと交尾をしている。

無性生殖なら自分の遺伝子を全部残せるが、有性生殖では半分しか残せない。なぜ、そんな面倒なことをするのか。これが進化論的にはなかなかわからなかった。性がある理由はとりあえず二つ考えられる。ひとつは、本当は無性生殖のほうが効率的なのだが、有性生殖は多様性を生み出すことができるという観点である。無性生殖は自分と同じものしか産めないため、多様性を生み出すことができない。環境が確実に安定している時はいいが、ひとたび環境が狂ってしまうと、いわばクローンばかりなので、すべてがクラッシュを起こして滅んでしまう危険が高い。性はそれを避ける装置である、という主張だ。

最も有名な例では、一九世紀中頃にアイルランドでジャガイモの病気が蔓延《まんえん》し、すべて枯れてしまうという事件があった。なぜなら、そのジャガイモはクローンだったのである。かなりの数を植えていたのだが、ひとつの病気で全滅してしまった。余談ではあるが、その結果アイルランドでは餓死者が続出し、移民がアメリカなどに多数流出した。その子孫が、たとえばジョン・F・ケネディであったりする。アイルランドでジャガイモ飢饉《ききん》が起きなければ、アメリカ大統領ジョン・F・ケネディは生まれなかったのだ。これはとても興味深い歴史的エピソードである。

もし、アイルランドのジャガイモに多様性があったなら、その中には病気に強く生き残る品種があったかもしれない。極論すれば、そのような事態を避けるために、生物は有性生殖を行うともいえる。有性生殖の場合はオスとメスがあり、染色体の数が多ければその組み合わせの数も膨大になり、減数分裂の時に対合して遺伝子が組み換わるために、遺伝的多様性はものすごく増える。

しかし、無駄が多いのも事実である。有性生殖をすれば別の遺伝子組成をもつ個体になってしまうため、もしもある種がその環境に非常によく適応していたとすれば、短期的に見れば有性生殖をするメリットは何もない。となると、少し環境が安定した時には有性生殖は無駄となり、それをなぜ止めることができないのかという別の問題が生じてくる。

確かに無性生殖を行う生物は、分布の縁《へり》にいるものに多い。分布の縁は環境が厳しいため、有性生殖をして遺伝子を組み換えてしまうと、その環境に適していない個体ばかりができて滅んでしまう可能性がある。たとえば、耐乾性だけが絶対条件というような砂漠の動物なら、有性生殖で組み換えた途端に耐乾性がなくなって滅んでしまうかもしれない。

私が知っている例で一番面白いのは、クラルア属に分類されている「クビアカモモブトホソカミキリ」というカミキリムシである。このカミキリムシは、日本なら奈良の春日《かすが》山や岡山の臥牛《がぎゅう》山などに棲息《せいそく》しているが、単為生殖をしておりメスしかいない。

クビアカモモブトホソカミキリは、クラルア属の中でも最北端に棲息する種である。ところが、実はこのカミキリムシは西表島《いりおもてじま》にもいる。さらに西表島にはオスも棲息しているのだ（学者によっては西表島の個体群を別種に分類している人もいるが、私は同種だと思う）。要するに、南のほうにはオスがいて有性生殖をしているのだが、北端では恐らく耐寒性を固定するために無性生殖に切り替えたのだと思われる。つまり、有性生殖と無性生殖は、同じ種の中で、切り替えができるようなのだ。

関東近辺にはゲンゴロウブナをはじめいろいろなフナがいるが、フナの個体群なども、有性生殖を行っているものと無性生殖を行っているものとの両方が棲息している。こうしてみると、有性生殖は有性生殖、無性生殖は無性生殖として種に固定されているわけではなく、その切り替えは割合自由なのかもしれない。有性生殖をしても個体群が滅びない時は有性生殖を行い、無性生殖を行わないと個体群を維持できない時は、仕方なく無性生殖を行っているのだろう。

もうひとつ、有性生殖が存在する理由として、遺伝子の修復をするためだという考え方がある。これは、リチャード・ミコッドが唱えている説だが、有性生殖をするためには卵《らん》や精子を作らなければならず、そのためには染色体数を２ｎからｎにする減数分裂が必要となる。減数分裂をすると必ず遺伝子の組み換えが起きて、それと同時に遺伝子の修復が行われる。しかし、減数分裂をしなければ修復ができないため、無性生殖だけを繰り返していくと、どこかで間違いが起きたとしても修復する機会がない。そのため、間違いがどんどん加算されてしまい、あるところまでいくと悪い遺伝子が集積して絶滅してしまう、という主張だ。

遺伝子の変異には、いいことはまず起こらずに、悪いことが起きる方が普通だ。だから遺伝子の変異が集積してアウトになってしまう前に性を入れ、とにかく遺伝子を修復する必要があるという考えである。

性の始まり

では、もともと性はどこから始まったのだろう。これは、なぜ性があるかということに対する別の側面からの答えになる。「なぜ」という時に、「AはBのためにできた」というのは機能主義的な考え方で、「AはCという起源により発した」というのは非機能主義的な考え方である。

性の起源については、真核生物の起源を考えたリン・マーギュリスが唱えた「共生説」の考えが有力である（詳細は後述）。生物は餌がなくなってこのままでは餓死するという時には共食いをすることが多い。何匹ものカマキリを同じケージに入れて餌を与えないでおくと、共食いをして、ついには一匹だけになってしまう。

AとBという二つの同じ種の生物個体がいるとする。AがBを食ったとして、Bが死なないで生きている場合があったとしよう。AとBの染色体数がnだとすれば、これはnの生物とnの生物が合体して2nになったということだから、受精と基本的に同じことではないだろうか。

そうであれば、最初の生物の性は、オスもメスも同じ大きさの細胞同士がくっ付く同型接合ということになる。ある個体とある個体がお互いに共食いしようとして、結局両方とも食い切れずに共存したというのが、どうやら性の起源であるらしい。

すなわち、性の起源は染色体数がnの生物の飢餓から始まったとするのが、マーギュリスの考えである。しかし、今度は2nの生物同士がさらに互いに食い合って4nになり、その4nの生物同士が互いに食い合って8nになるという事態に続くと、最後は情報が増え過ぎてしまい、収まりがつかなくなってしまう。情報が増えると何が問題なのか。情報とそれを処理するシステムは調和がとれていることが大事で、システムが処理し切れない情報を抱えると、システムは不調になることが多い。

たとえば、ダウン症の原因は、通常よりも染色体が一本多いことにある。余分な染色体が一本あるだけで、ダウン症という重度の病気になるのだから、余分な染色体がいくつもあれば、いいわけがない。

2nになった生物がうまく生き延びるためには、それをもとに戻すシステムが発達する必要がある。減数分裂である。

性の起源は、確かに最初はnの生物同士が合体して2nになったところから始まった。しかしその後、減数分裂という2nがnになるようなシステムが生まれた。その結果、減数分裂と接合（受精）を繰り返す安定的なシステムが始まったのだろう。

減数分裂により染色体数が半分になることは、もったいないようにも思える。重要な情報と不必要な情報を分別して後者だけ捨てればよいようにも思える。しかし何が重要で何が不必要かはやってみなければわからない。

有性生殖とは、二つの情報を合わせてひとつにし、その半分を捨てるという作業を、ランダムな方法で行う行為である。ランダムにたくさん作って、たまたまうまくいったものが生き残れば、最初から重要な情報と不必要な情報を分別する装置を作らなくとも結果的にはそうなる。これが自然選択である。

オスとメスの謎

最後にもうひとつ、性について説明しなければならないことがある。それは、なぜオスとメスができたのかということである。減数分裂をして染色体を修復する、あるいは遺伝的多様性を増大させる行為は、同型でもできるため、オスとメスがいなくてもかまわない。

オスとメスがいなければ、人間でも、男女がどうのとか、恋や愛がどうのとかわけのわからないことをいって喧嘩《けんか》をする必要もない。原理的には同型で何の問題もないのである。ではなぜ、生物はオスとメスに分化したのか。別のいい方をすれば、なぜ配偶子の片方が大きくなり、もう片方が非常に小さくなって、中間のものがほとんどいなくなってしまったのか。

これが、性についてのもうひとつの不思議であり、よくわからない難しい問題なのだ。有性生殖の起源は単細胞生物にあるが、進化して多細胞生物になっても性を維持するとなるといったん単細胞に戻して合体する必要がある。この単細胞が配偶子である。配偶子が生き残るためのひとつの戦略は大きくなることだ。

大きいということは、そこに資源がたくさん入っているということだから、生存率は高くなる。個体発生する時には、細胞内のエネルギーを使うために、細胞が大きければしばらくは餌がなくても生きていられる。餌を探す必要がない。配偶子が大きければ小さな配偶子は「寄らば大樹の陰」とばかりになるべく大きな配偶子と合体しようとするだろう。配偶子を大きくすれば誰かが必ず来てくれる、と見込めるわけである。

すると、今度はもうひとつのストラテジー（戦略）として、小さい配偶子は中途半端に大きくなるよりも運動機能を極端に増し、なるべく大きい配偶子を探す能力を開発した方が有利になる。中途半端な大きさよりも、運動機能に特化して小さくなった方がいい。もうおわかりだろう。小さい配偶子がいわゆる精子で、大きい配偶子が卵である。これが「なぜオスとメスができたのか」という問題に対する、ひとつのもっともらしい機能主義的な説明である。

本来は大きなもの同士が合体するのが一番よい。しかし、大きなものは、その大きさ故に運動能力が落ちる。その間に、小さくて運動能力が高いものが来れば、それが先に合体して他のものは合体できなくなってしまう。結果的に、中途半端な大きさのものは誰にも選ばれず、かといって誰にもくっ付くことができずに駄目になる。誰かと素早くくっ付くという運動能力を獲得したものと、待っていれば誰かがくっ付いてくれるというものが残った。後者がメスの配偶子になり、前者がオスの配偶子になったというわけだ。

それが、個体レベルで現在まで続いているため、メスはただひたすら待っている性で、オスはただひたすら追いかける性だ、というのがさらにもっともらしい説明のようである。嘘か本当かはわからない。タマシギという鳥のように、メスが懸命にオスを探すという場合も稀《まれ》にある。例外もあるのだ。必ずしもメスはただひたすら待っていればいいというわけではないらしい。もっとも、タマシギの場合は一妻多夫で、通常の種とは逆なので、そのことが関係しているのであろう。

なぜオスとメスがあるのかという問いに対する機能主義的な答えはとりあえず以上のようなこととしておく。今度は、どのようなメカニズムでオスとメスに分かれるのかという問題が出てくる。ひとつは、発生環境の違いでオスになるかメスになるかが決まるという場合がある。たとえばミシシッピーワニは、発生時の温度条件の差によってオスになるかメスになるかが決まる（卵が高温で育てばオス、低温ならメス）。オスになるかメスになるか遺伝的に決まっているわけではない。

このような生物はかなりたくさんおり、魚などもオスとメスとはあまり厳密に決まっておらず、生後、性転換することがある。「ソードテイル」というメダカは、メスからオスへ性転換することが知られている。逆にクマノミはオスからメスへ性転換する。

オスとメスのどちらが体が大きくなるかもまた面白い問題である。ゾウアザラシのように、オスがハーレムを持っている生物は、オスが非常に大きくなる。戦いによりオスの中で一番強い個体がメスとよりたくさん交尾できるとなると、オスの体はどんどん大きくなっていくと考えられる。オスが大きくメスが小さい生物ほど、一夫多妻の傾向が強い。ちなみに、人間の場合はオスが少し大きいため、平均的には一夫一・二妻だといわれている。オス同士の競争が激しくないものではメスの方が大きくなる傾向がある。昆虫でも、クワガタムシやカブトムシはオスの方が大きいが、カミキリムシではメスの方が大きいことが多い。

性を決める染色体

人間をはじめとする哺乳類《ほにゅう》の場合、オスになるかメスになるかはだいたい遺伝的に決まっている。普通はオスがXY型（ヘテロ＝異なった組み合わせ）でメスがXX型（ホモ＝同じ組み合わせ）である。鳥は逆で、オスのほうがZZ型（ホモ）でメスがZW型（ヘテロ）である。どちらもホモ（XX、ZZ）の方が基本的な性だと考えられている。

哺乳類の場合、Y染色体の上に「睾丸決定遺伝子《こうがん》」という遺伝子が乗っている。この睾丸決定遺伝子が働くとオスになり、働かなければメスになる。だから、Yに乗っている睾丸決定遺伝子を壊して機能させなくしてしまえば、みなメスになる。一方、今述べたとおり、鳥の場合はオスがZZ型でメスがZW型になっており、やはりW染色体の中にその個体をメスにする遺伝子があると考えられる。その遺伝子が働けばメスになり、働かないか壊れてしまうと、オスになる。つまり人間を含む哺乳類は、メスが本来の性でその性が修飾された場合にオスになり、鳥はオスが本来の性でその性が修飾された場合にメスになるようだ。

人間の睾丸決定遺伝子はY染色体上の微妙な場所に乗っている。一般に、減数分裂では相同染色体がぴったりくっ付いた時（対合という）に遺伝子の組み換え（交差）が起きる。X染色体とY染色体は相同ではないので対合する部分は少しである。ところが、ちょうど対合するところの近傍に睾丸決定遺伝子が乗っているため、場合によっては、その睾丸決定遺伝子がX染色体上に乗り移ることがある。すると、このX染色体をもつ精子と通常のX染色体をもつ卵とがくっ付くと、XXという組み合わせになるにもかかわらず、睾丸決定遺伝子が乗っているという事態が起こる。これは当然、男になる。

実はそのようにXXであるにもかかわらず男になる人はけっこういるらしい。一説によると六〇〇人に一人ぐらいの確率だといわれている。外見は完全にオスである。また男だから精液を作ったり射精したりすることもできるが、精子を作る能力がないらしく、無精子症になってしまう。その男性は子供を産ませることはできないため、X染色体上の睾丸決定遺伝子という特質は伝わらずに一代限りで終わってしまう。

他の哺乳類はどうだろうか。たとえばマウスは、対合部の近傍に睾丸決定遺伝子がない。Y染色体上に乗っている睾丸決定遺伝子が、対合していない部分にあれば、乗り移ることもなく、人間のような事態にはならない。

時に性染色体の組み合わせに異常が起こる場合もあり、人間でも、性染色体がXX

Y、さらにXXXという人もおり、XXYは「間性」、XXXは「超女性」と呼ばれる。

XYYは、「超男性」と呼ばれ、比較的気性が荒くなることが多いといわれている。ちなみにXは生存に不可欠な遺伝子をもつため、Xがないと致死となる。

哺乳類の場合は、先の睾丸決定遺伝子が働くか否かにより、ホルモンの働きでオス、メスが決まる。睾丸が作られれば男性ホルモンが分泌されるし、作られなければ分泌されない。男性ホルモンが分泌されると男性器ができ、分泌されないと女性器ができる。

XYの場合でも、男性ホルモンは分泌されるが、それを受け取る受容器に異常が生ずる場合がある。すると、その人はきちんと睾丸があり、男性ホルモンが次々と分泌されるにもかかわらず、それを受容する能力がないために外見上は全くの女性になる。睾丸はお腹の中に止《とど》まって下におりてこず、外性器などもすべて女性と同じようになってしまう。また、男性ホルモンの影響を受けないために髭《ひげ》も陰毛も生えない。一方で胸は大きくなるものの、子宮がないため成長しても生理が起きない。

一見、両性具有のようにも思えるが、人間の場合、基本的に両性具有は存在しない。人間の性はホルモンにより決まる全身的なものだからだ。

胚《はい》の時ならばともかく、すでに大人になってしまった人を性転換させるのはかなり面倒な話となる。今や、日本でも性転換手術が行われているが、男性を見てくれだけでも女性にするのは比較的簡単だが、女性を男性に見えるようにするのは大変である（男性器を付けなければならない）。また、成功したとしても、外見上だけのことであり、完全に男性（または女性）にすることはできないのである。

昆虫の雌雄モザイク

先にも述べたように、魚などには性差があまりない。たとえば、発生途中で女性ホルモンを大量に与えることにより、オスになるべき魚をメスにしたりすることはできる。逆も同様。

人間の場合、本人の意思でもない限り、男の子になることがわかっている子供を、女の子にしたいからといって、大量の女性ホルモンを投与するわけにはいかないだろう。ただ、なかなか難しいことではあるが、人間でも男女を、ホルモンの作用により、染色体とは関係なく作り出すことはできると思う。

通常、睾丸決定遺伝子が働くと、ホルモンが分泌されて男性になってしまう。しかし、受精後七週目ぐらいの胎児の外性器は、外見は全く同じである。つまり、男も女も基本的な形は同じ（相同）なのである。たとえば、おちんちんはクリトリス、おちんちんの周りの皮は小陰唇、睾丸の周りの袋（陰嚢《いんのう》）は大陰唇である。逆にいえば、変形していけば、男でも女でも自由に作れるのである。あとは、「ミュラー管」と「ウォルフ管」を、どのように組み合わせて男と女にするかという話だけなのだが、それも基本的にはホルモンやそれをコントロールする物質によって決定される。

昆虫の場合は脊椎《せきつい》動物と違い、ホルモンで性が決まるわけではない。当然、男性ホルモンが出るから立派なカブトムシになるということもない。

不思議なことに、昆虫は細胞一個一個が性を持っている。発生時に、たとえばXY(昆虫もだいたいXY型が多い)であったとして、分裂の時に、性染色体に関して不等分割してしまうことがある。すると、片方にしかYが入らないまま分裂していく。要するにY染色体が入らなかったクローンは、その細胞の塊がメスになり、Y染色体が入ったクローンは、細胞の塊がすべてオスになる。

結果としてどういうことが起きるのか。体の一部がメスになり、残りがオスになるのである。事実、昆虫の場合はそういう奇形がときどき出現する。これを「雌雄モザイク(ジナンドロモルフ)」という。余談だが、そういう虫は、カブトムシにしてもクワガタムシにしても、マニアの間で珍重され非常に高く売れる。チョウチョの場合、オスとメスがあまり変わらない種ではわからないが、「モルフォチョウ」や「トリバネアゲハ」のように、オスとメスで全く違う模様を持っているチョウでは、一目瞭然《りょうぜん》である。カブトムシやクワガタムシも同様で、オスには巨大な角や大顎《おおあご》があるが、メスでは小さいので、ジナンドロモルフになるとよく目立つ。

　これを人工的に作ろうという輩《やから》がいる。最初の分裂時に分裂をうまく制御し、不等分割が起きるような薬で処理してやると、ジナンドロモルフが人工的に作り出せる。もっと簡単に作る方法は、オスのチョウチョの羽を切って、メスのチョウチョに差し込んで糊付《のりづ》けしてしまうことである。昔は、そういうジナンドロモルフの贋《にせ》チョウチョを高く買わされた人もいたようだ。

　もちろん、生きているジナンドロモルフは、翅《はね》だけでなく交尾器も中央から違っているなど、内部の形まで違う。

　人間をはじめとした哺乳類では、体全体がオスになるかメスになるか決まるため、片方が男性で片方が女性という人は基本的にはいない（かつて働いていたＳＲＹよりもっと昔の遺伝子がＸＸの人で働くとごく稀に目だたない両性具有の人が生ずることもあるようだ）。右半分は髭を生やして左半分はつるつる、そういう人は幸か不幸かいないのである。

第三章　進化と由来の不思議

一　地球にバクテリアしかいなかった頃

最古の生物「好熱菌」

地球は四〇億年以上の歴史を持っている。初期の地球には海などなく、ただひたすら熱い大地だったようだ。当然、雨が降ってもすぐに蒸発するわけだが、この降水と蒸発が繰り返されることにより、今から四〇億年少し前に海ができ、海ができたことによってさらに地球の気温は一気に冷え、約三八億年前に生命が誕生したのではないかといわれている。

第一章でも述べたが、一番最初の生物は、シアノバクテリアと呼ばれる光合成細菌ではないかと思われていた。しかし、最近の説では現在知られている最古の生物は「好熱菌《こうねつ》」ではないかといわれている。

非常に古いタイプのバクテリアのことを「古細菌」と呼ぶが、バクテリアの系統を解析すると好熱菌は古細菌である場合が多い。それが最初期の地球に現れた生命ではないかといわれている。

一般的に、細菌は煮沸すれば死んでしまう。しかし、その名のとおり好熱菌には通用しない。通常、タンパク質は熱を加えると変質してしまうが、好熱菌の場合はそれが全く当てはまらず、中には一二〇℃ぐらいでも平気で生きているものがいる。そうであれば、初期の生命も、そういう環境下で生まれたのではないだろうか。

地球の内部でマグマが活動しているのは周知のとおりだが、海底からマグマで温められた熱水が噴出してくる場所がある。これは「熱水噴出孔」と呼ばれているが、最近の研究の結果によると、どうやらその熱水噴出孔の近辺で、好熱菌が誕生したようだ。

もちろん、当時は他に生物がいるはずもなく、栄養源を外部に依存することは不可能である。好熱菌は自分でエネルギーを作らなければならないが、利用するのは光のエネルギーではなく（つまり光合成細菌ではなく）、化学物質をエネルギー源とした化学合成細菌だったようだ。最初の独立栄養生物である。

アミノ酸、タンパク質、再帰システム

ところで、細菌はすでに立派な生物であるが、そのもっと前はどうだったのだろうか。恐らくタンパク質が適当に相互に関係して、ある再帰システムを作るところから生命の起源は始まったのではないかと考えられる（第一章第一節を参照）。

一九五〇年代の初頭にアメリカの有名な生物学者であるスタンリー・L・ミラーが、メタンや水素などいろいろなものを混ぜておき、それに放電して、太古の地球によく似た環境を再現し、いろいろなアミノ酸を作る実験に成功している。

アミノ酸は比較的簡単な分子で構成されているため、そのような方法で作ることができる。ところが、アミノ酸のような簡単な有機物だけでは生物は生じない。これらが重合してタンパク質が生成されなければならない。

タンパク質は現在では遺伝子が作っているが、遺伝子がタンパク質を作るためには特殊なタンパク質である酵素が必要で、遺伝子だけではタンパク質は作れない。生物が発生してうまく機能するためには、遺伝子がない状態でタンパク質を作るメカニズムをどこかで考えなければならない。

一番重い（密度の高い）水は、四℃の水であるから、海の底はかなり寒いと考えられる。そこに熱水噴出孔から熱水が飛び出てくると、誰かがかき混ぜるわけではないので、熱い水と冷たい水がモザイク状になる。分子が結合するには高エネルギーが必要となる。熱い水にアミノ酸がいくつも入ってくると、それらが繋《つな》がって三つ四つになる場合があるのだ。

ところが、高エネルギーであると、分子を繋げるだけでなく、ある程度長くなると切る方向にも作用してしまう場合がある。つまり、長くなることと切ることの繰り返しで、アミノ酸の鎖はいっこうに長くなれない。七つぐらいまでいっても、真ん中で切れてしまえば四つと三つになってしまう。また延びていっても、どこかで切れてしまったりする。いつまで経ってもタンパク質ができない。

タンパク質は、アミノ酸がたくさん連なってできており、非常に長いものだと、数千ぐらいのアミノ酸が連なっている。しかし、長くなったり切れたりの繰り返しでは、そのような長さにはなれない。

熱水噴出孔の利点は、熱水の中でアミノ酸が延びると、それがすぐに外の冷たい世界に吐き出され、そこで固定されるという点である。その状態でまた熱水の中に入り、また少しくっ付いて長くなり、切れる前にまた外に出る。そういうことを繰り返すと、ある確率で非常に長いアミノ酸の連なりができてくる。

そのような現象が実際に起きるのか実験をした人がいる（松野《まつの》孝一郎《こういちろう》らのグループによる）。巨大な水槽を作り、冷たい水を入れて、その中へ熱水を噴射させ、冷水とモザイク状になるようにする。そこに「グリシン」というアミノ酸の一種を入れると、しばらくすると、「ポリグリシン」という、長いグリシンの鎖になることがわかった。恐らく、原始の熱水噴出孔でも同じようなことが起き、アミノ酸が延びてタンパク質のもとの一次構造ができたに違いない。初期の生命は、そういうかたちでタンパク質が作られ、それらがお互いに、循環する再帰システムとして始まったのだろう。

一番最初の生命はＲＮＡを主体として始まったとの説もある。ＲＮＡは自己触媒作用をもちタンパク質の助けを借りなくとも自己複製ができるからである。タンパク質だけでは不安定である。恐らく再帰システムはあるが、極めて短い時間に変化が起きてしまうため、生命はいっこうに安定せず、次々に変なものができて何だかよくわからない状態だったのだろう。それが、ＲＮＡが合体することによりはじめて安定したシステムができ、そのうちにＲＮＡという安定物質をシステムに取り込むことにより、システムそのものが安定になり、そのうちにＤＮＡがＲＮＡに取って代わったと思われる。

今でも、ウイルスのように、ＲＮＡを遺伝子として使っているものもいる。しかし、生物はバクテリアから人間まで、すべてＤＮＡを遺伝暗号として使っており、ＲＮＡは、ｍＲＮＡ（メッセンジャーＲＮＡ）のかたちで、ＤＮＡとタンパク質を繋ぐ物質となっている。

シアノバクテリア——光合成の誕生

初期の生命体は最初の何億年かは、深海で繁栄していたのだろう。そのうち、二八億年前頃に南極と北極という地球の軸ができて強い磁場が発生し、その磁場により宇宙線がブロックされはじめた。

ＤＮＡやＲＮＡは宇宙線により破壊される。それが、地球の表面まで届く宇宙線量が減ったことにより、生物は暗い海の底から地球の表面にまで進出することができるようになった。すると、太陽光のエネルギーを使って炭水化物を作るメカニズムの可能性が出てくる。光のエネルギーを利用して、光エネルギーから始まるサイクリックなシステムを、うまく作り上げた生物がいたのだろう。

それが、シアノバクテリアといわれる光合成細菌の起源になった。二七億年ぐらい前のことだ。

光合成ができるということは非常に有利である。今までは海の底で化学物質を利用してエネルギーを手に入れるほかなかったのが、太陽光ならばほとんど無尽蔵に、しかもどこにでもある。

シアノバクテリアは、太陽光のエネルギーを使って糖（デンプン）を作った。糖を作る材料となるのは、炭酸ガスと水である。最初の頃の地球には、炭酸ガスが非常に多く、六〇気圧ぐらいあったのではないかといわれている。海洋ができて大部分の炭酸ガスは水に溶けた。シアノバクテリアが出現した頃はかなり減少していたと思われるがそれでも膨大な量の炭酸ガスがあったことは間違いない。今の地球環境では空気はすべて合わせても一気圧、炭酸ガスは〇・〇〇〇四気圧であるので、ケタが違う。炭酸ガスも光も無限にある。水は海にいくらでもある。シアノバクテリアは、当時の地球環境に極めてうまく適応した生物だった。そしてシアノバクテリアは有機物を作り、その副産物として酸素を大量に作った。

先にも述べたが、酸素は「活性酸素」という意味では有害なのである。恐らく、好熱菌のような、もともといた生物のかなりは酸素により死滅してしまったのだろう。単純にその当時の環境を考えると、シアノバクテリアは大いなる環境破壊者だったのである。今、人間は炭酸ガスをどんどん出して、地球生態系にとってよくない影響を与えていると思われているが、古細菌を主とする当時の生態系の生物にとってみれば、シアノバクテリアもまた、今の人間以上に狂暴な環境破壊者だったのである。

酸素はどのような働きをしたか。最初は、水中に放出されていろいろな物質の酸化剤に使われた。そのうち、大方の酸化物は沈殿してしまい、次に、水中で酸素が飽和すると、空気中に酸素が放出されはじめる。酸素は最初から大気中に放出されたわけではなく、まずは海の中に放出され、その後、飽和状態になってはじめて大気中に放出されたのだろう。

現代文明の前提とは何か

シアノバクテリアは結果的に見れば、人間にとっては非常に有利なことをたくさんした。まずひとつは、今述べたとおり酸素を作ったことである。酸素を作らなければ、現在のような酸素型の生物は生きていられない。別の見方をすれば、シアノバクテリアがいなければ、人間は生まれてこなかったともいえる。

もうひとつは、鉄を作ったことである。鉄はイオンの形で海の中にたくさんあったが、現在私たちが利用しているのは鉄鉱石であり、イオンの形では利用できない。鉄鉱石はすべて酸化鉄であり、鉄イオンにシアノバクテリアが出した酸素がくっ付いて沈殿したのである。また、「鉄バクテリア」というバクテリアも関与したらしい。

現在、良質の鉄鉱石の一大産地といわれているオーストラリア大陸で採取されるものは、だいたい二〇億年ぐらい前（先カンブリア時代）の鉄鉱石である。その頃は、ちょうどシアノバクテリアが全盛だった時代で、どんどん酸素を出し次々と鉄鉱石を作ったのである。現在の私たちは、その鉄でさまざまな文明を築いている。現代文明は鉄、石油、石炭それからセメントにより支えられているが、それらはすべて過去の生物が作ったものである。

石灰岩のほとんどは生物の遺骸《いがい》か、あるいは生物が作ったものが沈殿してできたのだ。もう少し後の時代になるが、石炭紀（三億五〇〇〇万年前）に多くの植物が繁栄し、石油や石炭はそれらの遺骸からできたものであることはよく知られている。人間は昔の生物が何億年もの年月をかけて作ったものを、一〇〇年ぐらいで使っている。効率がいいのは当たり前だろう。祖父と父親が二世代にわたって作り上げたカネを、放蕩《ほうとう》息子が一晩で使っているようなものである。そういう意味では、現代の産業における効率とは、すべて生物が昔溜《た》めたものを一度に使っていることから生じている。

効率とは、いかにエネルギーを集中させるかということである。たとえば、発電の中で最も効率がいいのは水力発電である。なぜなら、まず地面に太陽光が当たって水が蒸発する。海も含めれば太陽光が当たる面積は膨大な広さになるが、その光エネルギーが水蒸気という形で上昇し、雨として降って位置エネルギーに変換され、それが川という形で集中する。つまり、非常に広い面積からのエネルギーを局所的に集めている。そこだけ見れば効率がいいに決まっている。太陽電池の効率が悪いのは、太陽の光を集中させることがなかなかできないからである。

再度述べるが、効率は面積的に空間的に時間的に、いかにエネルギーを集中させるかにかかっている。石油や鉄は、時間的に長い間溜めたものを一挙に使うから効率がよく、水力発電は広い面積で徐々に集めたものを一挙に集中させるから効率がいいのである。

真核生物の起源は共生

地球ができてから二〇億年以上もの間、基本的に真核生物は存在しなかった。その後、今から二〇億年ぐらい前に真核生物ができるのだが、それまでの生物はすべて単細胞だった。人間を含め、高等な生物はみな多細胞である（人間は三七兆の細胞からできている）。しかし、最初の生物はみな単細胞だったのである。恐らく、単細胞である原核生物のシステムは、そのシステムの枠組みの中ではいろいろなことができたが、多細胞になることはできなかったのだろう。

多細胞というシステムを生み出すためには、真核生物という、また別の高次システムが必要だった。真核生物の細胞は、さまざまな原核生物が共生した結果であるとされている。しかし、まず原核生物が多様化しなければ、それらが合体して複雑なシステムが作られるわけがない。共生するといっても対等に合併したわけではなく、当然、どちらかがどちらかを飲み込むようなかたちをとったのだろう（もっといってしまえば、食べたのだろう）。その結果、結局食べ切れずに、食べたものがそのまま生き残ったのである。

違うシステムが体の中にいるのだから、最初は邪魔で排除したかったのかもしれない。しかし、しばらく時間が経つと、仕方がないからコミュニケーションを始めて別の新しいシステムを作り上げていったのだろう。そして気が付いてみると、邪魔だと思っていた侵入者は極めて重要なシステムの担い手になっていたわけだ。実際、外部からの侵入者と考えられるミトコンドリアが酸素呼吸をしており、ミトコンドリアがいなければ、今の私たちはすべて死んでしまう。

話を少し戻そう。酸素呼吸をする生物が生まれてきたのはなぜか。シアノバクテリアが大量に酸素を作ったからである。今まで無気呼吸をしていた生物の中から、今度は有害な酸素を逆に有効利用する生物が出はじめた。頭で考えてやっていたわけではなく、たまたま酸素呼吸を始めた生物が有利だから生き延びたのであろう。これはまさに自然選択である。ただし、システムができたこと自体は、恐らく自然選択とは関係がない。自然選択は作るところではなく作った後に働く機作《きさ》なのである。

真核生物の起源が共生にあることは、今では常識になっている。現在でも、たとえば原生生物（単細胞の真核生物）のゾウリムシは普通は腐食物を食べているが、ゾウリムシの中には「ミドリゾウリムシ」という変わったゾウリムシがおり、光合成を行うクロレラを体内に取り入れて共生している。クロレラは光合成でエネルギーを作るから、餌を食べなくてもミドリゾウリムシは日が当たるところでボーッとしていればいい。

人間の場合も共生可能な光合成生物を開発し、それを細胞の中に入れてやれば、食糧難も解決できるかもしれない。要するに、海辺で寝ていればいいのだ。

実際にそれを実践した生物がいる。植物である。細胞の中に共生した葉緑体が光エネルギーを使って食物を作ってくれるので、動かずにいたら、だんだん根が生えてきた。結果としてそのままそこに立つだけの生物になってしまったものが、植物なのだ。

ところで、ミドリゾウリムシには面白い例がある。ミドリゾウリムシは日本中にいるが、場所によって性質が微妙に違うのである。ある場所で採集したミドリゾウリムシからクロレラを切りはなし、ゾウリムシだけ別の餌を与えて培養すると、ゾウリムシはピンピンと生きている。ところが、別のある場所で採集したミドリゾウリムシは、クロレラがいなくても自分で生きている。ところが、別のある場所で採集したミドリゾウリムシは、クロレラを取ってしまうと、元気がなくなってしまう場合がある。これはなぜだろうか。恐らくそのミドリゾウリムシは、クロレラと共生しはじめてからかなり長い時間が経過しているので、互いに寄り添って生きるシステムができあがりつつあるのだ。

いうなれば、これは最初に真核生物ができた時を模擬実験的に再現しているのである。一度システムができあがってしまうと、切りはなすと両方とも死んでしまう。私たち人間も、ミトコンドリアを外に出したなら、細胞はすぐ死んでしまうし、ミトコンドリア自身も自分だけではうまくいかずに死んでしまうだろう。

このように生物同士が依存し合った結果生まれたのが、真核生物である。真核生物になったことにより、システムは今までとは比べものにならないほど複雑になった。従来の原核生物という単純なシステムの中だけではできないことができるようになった。イノベーションが起こるためには、新しいシステムが立ち上がる必要があるのだ。

約五億年前に爆発的に多様化

そしてついに、多細胞にもなれることを発見した真核生物がいた。細胞分裂の時、何かの加減で分裂しても分かれられずに、ヘンなものを作ってしまったのだろう。たとえば遺伝子が奇妙な突然変異を起こして接着分子を作った結果、分かれたくても分かれられなくなったのかもしれない。そういう生物の大半は死んでしまっただろうが、中には合体したままなんとか生きようという生物がいた。いっそのこと細胞をどんどん増やしてしまおうとした奴がいたに違いない。

物事のきっかけは、間違いやアクシデントから始まることが多い。真核生物の起源もアクシデントである。食って消化してしまえば何事もなかったのが、食えなかったから仕方なく共生したのであろう。

多細胞も、最初は独立して増殖するために分裂していたのが、分裂しても離れられなくなってしまったことから始まったのではないだろうか。そのうち、多細胞の方がうまく生きられる、あるいは多細胞でなければ生きられない個体が出てきて多細胞生物が出現したと考えられる。

多細胞生物が誕生したのは、今から約一〇億年ぐらい前である。真核生物ができてから一〇億年近くの時間が経っている。いろいろと試行錯誤をしても、なかなか多細胞というシステムを作り上げることができなかったのだろう。しかし、一度できてしまうと、このシステムには大きな利点があったのである。逆に多細胞生物ができたあと、私たちのような複雑な生物ができるまでには、少ししか時間がかかっていない。

初期の多細胞生物は単純な生物だったが、今から六億年ぐらい前の先カンブリア時代の最後に、「エディアカラ生物群」という、かなり複雑な多細胞生物ができたと考えられている。その後、今から約五億五〇〇〇万年前のカンブリア時代に、いわゆる「カンブリア時代の大爆発」が起き、現在の生物門のすべてが揃うという時代に一気に突入する。

多細胞生物の中には、他の生物を食べるものも多いが、私たちが現在知っているような捕食者は、最初の頃はいなかった可能性もある。捕食者が出現するということは、生物群集が複雑になるということである。一番高次の捕食者を取ってしまうと生態系が単純になってしまうことがある。捕食者がいると、被食者は数が増えると捕食者に食われるので、一種だけ優先種になりにくく多様性が保たれるのだろう。その結果、さらに隙間に生きる生物が出て系が複雑になる。生態的地位（ニッチ）がさらに開発され、その結果生物がどんどん多様化していったのだろう。単純な生物だけだと多様化のしようがないのかもしれない。

まとめると、約三八億年前に地球の上で生物が生まれ、最初の一五億年ぐらいは原核生物のシステムであり、今から二〇億年ぐらい前に真核生物が生まれた。一〇億年ぐらいは、恐らく真核生物も単細胞のまま過ごし、一〇億年ぐらい前に多細胞生物ができた。約五億年前に爆発的に多様化して、その後は門の数はむしろ減少している。

そういう意味では、進化の長い歴史を見ると、進化のスピードはどんどん加速されてきていると考えていいかもしれない。システムが作られるまでには時間がかかるが、システムができれば一気に多様化し、複雑になっていく。

それは、人類の歴史もまた同じであり、一万年前に農耕を始めた後に、文明がものすごい勢いで加速した。さらに、現代に至ってさまざまな科学技術が発達し、急激に加速している。江戸時代などは、父親も子供も孫もみな同じことをやっており、新しいイノベーションなどほとんどなかった。今はわずか二年も経つとコンピュータのシステムが変わり、ついていくのが大変だ。

あまりにも急激に加速すると、システム全体がクラッシュを起こすのではないかと思わないでもない。

二　クジラは昔カバだった？

足の生えたクジラ

「クジラは昔カバだった？」というタイトルを付けているが、もちろん、昔はクジラが本当にカバだったわけではなく、カバとクジラは近縁だったという話である。本節では、生物の系統と形は必ずしも整合的に一致するわけではないという話をしようと思うが、クジラは特にその典型的な例なのである。

二〇〇一年の秋に、雑誌「ネイチャー」にパキスタンで古いクジラの化石が発見されたという記事が出ていた。「クジラが大地を歩いていた頃」と題して、脚の付いたクジラの化石の写真が表紙を飾っている。それまでにもクジラの化石は見つかっていたが、両生類型のすでに水に適応したかたちのクジラだった。発見された化石は、そのクジラよりももっと以前の、今から五〇〇〇万年ぐらい前の新生代、始新世《ししんせい》のものである。

化石の写真を見ると、確かにそのクジラには立派な脚が生えている。恐らく、かなり速く走れたのではないだろうか。化石は二種類で、ひとつは「パキセトゥス」、もうひとつは「イクチオレステス」である。イクチオレステスは、今のクジラに比べて非常に小さく、キツネぐらいの大きさだった。パキセトゥスはオオカミぐらいの大きさで、これもたいして大きくはない。

それが、あっという間に水に適応し、今のクジラのような生物になった。形はあっという間に変わってしまうのだ。

系統解析にはさまざまな方法があるが、たとえば先の「ネイチャー」の論文では、種々の形質を比較して、どれとどれが近縁なのかを推定する方法をとっている。すると、クジラとカバはそれほど近縁ではないという結論になる。

もっと厳密に解析をする方法がある。遺伝子解析である。遺伝子解析は、普通はDNAの塩基配列を調べ、近縁か否かを比べる。形で分析する場合は、見た目で形が似ているものは近縁で、似ていないものは遠いだろうという、誰もが思うような方法をとっている。しかし、それではなかなか系統とピッタリ当てはまらない。

昔は、クジラが何と近縁なのか見当がつかず、形態学者もクジラはどこからきたのかよくわからない状態だった。クジラと先祖の陸上動物を結ぶ中間型の化石がなかなか見つからなかったのである。

DNAを系統解析に利用する分子系統学ができたのち、系統はかなり厳密にわかるようになってきた。クジラは、カバやウシ、それからブタなどの偶蹄類の仲間で、その中でもカバに最も近縁であるらしい。

DNAを調べて系統を解析する方法は、国立遺伝学研究所の木村資生《きむらもとお》（故人）が発表した「中立説」に基づく。中立説は自然選択説と少し異なる学説であったため、当初は欧米ではずいぶんと叩《たた》かれた。しかし、今では正しいと信じられている。

中立説とはどういうものなのか。遺伝子には突然変異が起きる。そして突然変異が起きた遺伝子が、中立的すなわち適応的でも非適応的でもなければ、たまたま集団の中に広がってしまうことがある。たとえばO型の血液型ばかりのところに、突然変異によりたまたまA型の血液型ができたとする。そして、何かの加減で大災害が起きて多数の人が死んでしまったとする。その時に、A型のものも死んでしまう可能性もあるが、たまたまO型の人ばかり死ねば、A型の占有率は上がる。さらに、またカタストロフィが起き、A型のほうが増えてしまうことは、ごく稀《まれ》にだがある。

偶然に、ある中立突然変異が集団に定着するのは、確率の問題である。確率の問題ということは充分に時間が経てば必ず起こるということでもある。どれくらいの確率で変化が起き、それがどれくらいの確率で定着するかは、系統によっておおよそ決まっている。だからDNAの同じ部分を比較して、違っている塩基配列の数を調べれば、系統が近いか遠いかがわかる。ほとんど全く同じであれば、分岐してまだほとんど時間が経っていないとわかる。ＤＮＡをもとにした系統の解析ができるわけだ。

ところが、それは確率の問題だから厳密にはわからない。東京工業大学の岡田《おかだ》典弘《のりひろ》（現・名誉教授）が、特殊な系統分析の方法を使った。

ゲノムの中には繰り返し配列のＤＮＡが多数ある。これを反復配列と言うが、その中に「レトロポゾン」というものがある。レトロポゾンはゲノムの一部のＤＮＡが、いったんＲＮＡに変換され、逆転写酵素を使ってまたＤＮＡに戻ってゲノムに再度組み込まれたもので、ゲノムに散在しているという特徴がある。

岡田が利用したのはサインという特殊なレトロポゾンで、ゲノムのあるところに一度入ると、そのままの形で次々と子孫に伝わっていく。すると、ある生物種を比べてみて、同じゲノムの部分にサインをもっていれば、それらは系統が近いとわかる。同じ部分のサインをもっていないものは、もっているものとは当然別の系統になる。そのように、ゲノムのある部分にレトロポゾンが入っているか否かをすべて調べていくと、厳密な系統が判明する。

岡田によると、カバとクジラは同じ部分にサインを持っており、ブタやウシなどとは少し違うことがわかったのである。クジラは偶蹄類の中では、カバと最も近縁で、同じ直接の祖先から発生しており、その祖先をもう少し遡《さかのぼ》るとウシやブタの祖先に出合うということになる。

進化のスピード

これは恐らく正しいのだろう、と私は思う。カバとウシ、カバとブタは似ているが、クジラは全く似ていない。系統が近いことと、形が似ていることとは必ずしも一致していないのである。形はある時に何かの加減で突然大きく変わってしまうことがある。系統が近くても、非常に形の違う生物が出現するし、逆に形は似ていても系統が遠いということも起きる。

拘束性が強くゆっくりとしか進化しない生物は、姿が昔と同じままである。現在のサメは、一億年ぐらい前のサメとほとんど変わらないように見える。

哺乳類《ほにゅう》の中でも特に霊長類などは、つい最近分岐して急激に進化したようだ。チンパンジーとヒトは、約七〇〇万年前に分岐したといわれているが、形態はずいぶん異《こと》なる。昆虫などでは、このぐらいの年月では種さえ変わらないものも多い。日本の国蝶《ちょう》のオオムラサキと中国にいるクロオオムラサキは二八〇〇万年前に分岐したと考えられているが、いまだに雑種ができるくらいに似ている。なぜ短期間のうちに人間はこれほど進化してしまったのだろうか。ＤＮＡが変化したというよりも、やはりシステムそのものが変化したのだろう。

どうやら、あるグループは非常に形が変化しやすく、あるグループは変化しづらいようだ。

長い間全く変わらなかった生物もいる。ハイギョはその代表格だろう。アフリカなどに棲息《せいそく》し、蛇の鱗《うろこ》のようなものをもっているへんな魚である。

不思議なことに、ハイギョは非常にたくさんのDNAをもっている。人間にはDNAが三二億塩基対あるといわれているが、ハイギョにはもっとたくさんのDNAがある。DNAが増えれば複雑になると思う人もいるかもしれないが、DNAの多さと形の複雑さとは別なのである。

DNAにはがらくたが多いため、増えても形の複雑さとは関係ないのかもしれない。実際に形質に関与しているのは遺伝子である。前にも述べたが、DNAの中で機能を有するものだけを遺伝子という。少し前まで、人間の遺伝子は一〇万ぐらいではないかといわれていたが、最近は二万ぐらいではないかといわれている。線虫でも遺伝子は一万八〇〇〇あるのだから、やはり、遺伝子の数と複雑さとはまた別なのであろう。複雑さは使い方の問題で、何をどううまく使ってシステムをどう動かすかが重要なのであろう。繰り返しになるが、系統の近さと形の類似は必ずしもパラレルではないし、複雑さもまたDNAや遺伝子の数や量とは直接的な関係はないのである。

三　進化の本当の仕組みはまだわかっていない

下手な鉄砲も数撃ちゃ当たる？

進化の仕組みはなかなか難しい。一般の教科書などでは、方向性がなくデタラメな遺伝子の突然変異の結果、さまざまな形ができあがり、その中で一番適応しているものが選ばれ、場合によっては適応的でも非適応的でもない遺伝子が偶然選ばれて（これを遺伝的浮動という）、さらにランダムな突然変異が起きてまた選ばれるというように徐々に進化していき、気が付くと最初の生物とは似ても似つかぬ生物ができていたという説明がなされている。これは、現在の正統的な進化論者たちが唱えている説である。

確かに生物はそのような仕組みで進化することもあると私も思う。しかし、それだけが進化の仕組みであり、それですべてが説明できるかどうかは大変疑問である。

たとえば人間ががんで死ぬことは本当であるが、すべての人間ががんで死ぬわけではない。同様に、遺伝子の突然変異と自然選択と遺伝的浮動で生物が進化することが本当だとしても、それが進化の仕組みのすべてなのだとはいえないのである。

近年、遺伝子解析や分子生物学などが進展した結果、ランダムな突然変異と自然選択と遺伝的浮動だけですべての進化が起こるのは、やはり間違いではないかという人が多くなってきた（私はだいぶ以前からそう主張していたのだが）。

いくつか具体例を挙げると、ひとつは、海外の研究により細菌が適応的に進化するらしいことが明らかになってきたのである。

大腸菌はいろいろな基質を食べる。ブドウ糖をはじめ、多くの糖類は大腸菌の餌になる。ところが、突然変異によってある特定の基質を分解できない菌が生ずることがある。

「ラクトース」という糖があるが、ある大腸菌の変異株はラクトースを分解できない。ラクトースを分解する酵素をコードしている遺伝子あるいはその周辺に何かの変異が起き、ラクトースを分解する酵素（これを「ラクターゼ」という）を作れなくなってしまったのである。そういう変異株をラクトースだけの培地に入れてやると、ラクトースを分解できずに飢餓状態になる。これは細菌にとって多大なストレスであり、普通ならば死滅する。

人間でも、コンニャクと水しかないところに閉じ込められれば飢えて死ぬ。人間はコンニャクを分解できないからだ。コンニャクを分解するためには、ウシのように自分の腸内にセルローズを分解する細菌を飼う必要があるが、人間はいきなりそういう芸当はできない。

しかし驚くべきことに、この大腸菌の変異株は、しばらくすると突然変異を起こしてラクトースを分解する酵素を作ってしまうことがわかった。これは要するに、ある環境に適応的な方向性をもつ変異を起こしているということである。

大腸菌は環境を察知して、その環境に適応するようゲノムシステムを変化させる能力を持っているのかもしれない。

これにはさまざまな反論もある。最も有力なものは、方向的な突然変異が起きているわけではなく、突然変異はランダムなのだが、ストレス状態に晒《さら》されると、突然変異そのものがたくさん起きるというものである。

その中には当然ラクターゼを作る突然変異も含まれるだろう。すべての突然変異が今までの一〇〇倍の速さで起こるならば、ラクトースを分解できるようになる突然変異も通常の一〇〇倍の速度で起こる。あとは自然選択が働くため、ラクトースを分解できる菌だけが増殖し、あっという間に今までとは違った適応的な突然変異が起きたかのように見えるという理屈である。

これならば、ネオダーウィニズムも少しは理論崩壊から免れるのだが、全くそうというわけではない。

ストレスに晒されると、そのストレスを回避するために生物が突然変異をたくさん起こすのであれば、当然そういうメカニズムがどこかにあるはずである。ある状況下で多くの突然変異が起こるのなら、すでにそれはランダムではない。突然変異自体には方向性がなくても、ある場合には突然変異が一気に起き、ある場合は突然変異がパラパラと起きる仕組みになっているのかもしれない。

たとえば、環境が大きく変化した時に、なぜ生物が次々と変化できるのかということも、そう考えればある程度は説明ができる。つまり、その時生物は、通常よりもたくさんの突然変異を起こして、デタラメながらも適応的な個体を通常よりたくさん作っているのかもしれない。いわば、「下手な鉄砲も数撃ちゃ当たる」というわけだ。環境が緊急事態になることが一種の引き金になり、進化を推し進めることはあるのかもしれない。これは、「ネオダーウィニズム」と「進化は適応的に起きる」という理屈の中間の考え方である。

進化の不均衡説

突然変異の実態はどうなっているのだろう。突然変異は主にDNAの複製時に起きる。一九九二年に古澤満《ふるさわみつる》と土居洋文《どいひろふみ》が「進化の不均衡説」という仮説を提唱した。DNAは、二本鎖《さ》であり、これが複製されるためには、一本鎖にほぐれ、それぞれを鋳型としてDNAが複製され、再び二本鎖のDNAが二つできなければならない。その時、ほぐれた片方は新たな鎖をスムースに複製できるのだが、もう片方は複製が面倒なのである。

なぜそのようなことが起きるのか。それは、それぞれの鎖に方向性があり、片方が上から下に、もう片方は下から上に流れていくかたちになっており、対称ではないからである。

複製時に、二本鎖DNAは開裂していく。開裂した方向に沿ってどんどん新しい鎖ができていくような場合（リーディング鎖）は簡単に複製できるが、その逆（ラギング鎖）の複製は面倒だ。その場合は、少し開裂したらちょっとコピーを作り、また少し開裂したらちょっと作るという方法をとっているようだ。このため、複製に手間がかかりラギング鎖には間違いがたくさん起きるが、リーディング鎖には滅多《めった》に間違いが起きない。

突然変異が世代を超えて集積していくと、だいたいの突然変異は具合が悪い場合が多いから、あるところまでいくとみな死んでしまう。

仮に一ゲノム一複製当たり、確率的にひとつの遺伝子が変異を起こすとする。すると、二回複製すると突然変異の遺伝子は平均二個に、三回複製すると平均三個になる。もちろん、中には突然変異がひとつしかない場合やひとつも入らない場合もあるかもしれない。しかし何回か複製するうちには必ず突然変異が入ってきてしまい、それが次々と蓄積されていく。すると、あるところまでは誤魔化《ごまか》しながら何とか生きていけたとしても、何十回も複製するうちに、結局はみな死んでしまう。

結論としては、突然変異によりある個体群が絶滅しないためには、突然変異は、一ゲノム、一回の複製につき、一以下でなければならない。たとえば、変異率が〇・五だとすると、確率的に半分には突然変異が入るが、半分には入らない。これなら、オリジナルの遺伝子型の個体が常に存在しているため、突然変異が集積して個体群が絶滅する恐れはない。

ネオダーウィニズムでは突然変異がランダムに起こると説明するが、何かの加減で一ゲノム一複製当たりの変異率が一以上になってしまえば、しばらくすると個体群は絶滅してしまう。逆に、ゼロに近い場合は、ほとんど変異しないので、環境の変化によってすべての個体が死滅する可能性が高い。ネオダーウィニズムが正しいとすると、ランダムな突然変異と自然選択により進化が起きるためには、変異はランダムであってもその程度は一以下で、しかもゼロにあまり近くない条件で安定していなくてはならない。すると変異率も安定させておくメカニズムを想定しなくてはならない。これは突然変異はランダムだという話とは矛盾してくる。

古澤らが考えた理論によると、ラギング鎖は間違いが起こりやすく、リーディング鎖は変異が起こりにくいため、変異率が一以上であっても、変異が蓄積されることはない。リーディング鎖で複製が起きると次の複製は一本はリーディング鎖、一本はラギング鎖となる。

リーディング鎖ばかりが続く系列では、一回の複製当たり二や三というように、どんなに変異率が高くなっても、変異のないオリジナルタイプが常に存在し続けることになる。一方、ラギング鎖の系列からも、次の複製ではラギング鎖とリーディング鎖に分かれる。すると、ラギング鎖ばかりが続く系列では、突然変異が大量に蓄積する。単にランダムなだけならば、分布に偏りができたとしても、だいたい同じぐらいの変異が蓄積し、平均的には団子のような状態となる。ところが、今のようなやり方であれば、変異が全くないものと変異が頻繁にあるものとができ、さらにその中間ものが多数ある状態となる。自然選択による進化のためには、これは大変よい条件なのである。変異が蓄積すると、みな死んでしまうが、変異がなければ進化しない。変異を増やし、なおかつ変異の全くない個体も担保にすることが、生き延びてなおかつ自然選択がかかる条件なのである。

たとえば環境が激変したとする。変異がたくさんあるなら、中には環境にピタリと適応している遺伝子型の個体がいる可能性がある。すると、今度はそのタイプが増えていく。そしてまたリーディング鎖とラギング鎖の連鎖が続いていくから、再度環境が変われば、またその環境に適した個体が生き延びればいいというわけだ。

人工的進化の稀有な例

以上が、古澤と土居が不均衡説で唱えた進化論の骨子である。なかなかいいアイディアだと私は思う。自然選択と突然変異の枠組みを変えない、単純にいえば、ネオダーウィニズムの枠組みを変えずにうまく進化を説明する方法である。

不均衡説にはさらに続きがあり、古澤のグループは、ラギング鎖だけに高頻度に突然変異を蓄積させるような実験を行った。「校正酵素」と呼ばれる、間違いをチェックしてDNAを修復する酵素がある。ラギング鎖の校正酵素の働きを抑えてラギング鎖の系列に変異が極度に蓄積するような大腸菌を作り、それをどんどん培養してやる。一回分裂するたびに、先のリーディング鎖とラギング鎖のサイクルが繰り返され、それを何回も分裂させる。その中にはものすごくたくさんの変異体が混ざっているはずだ。

次に、それらの菌に極めて強力な抗生物質を大量に与える。普通はみな死ぬのだが、そういう変異体の中には、抗生物質が結晶を起こすような培地でも生き延びる超耐性をもつ菌がいる。

そのような大腸菌を調べてみると、形が変わってしまい、もはや大腸菌とは思われないようなのもいる。つまり、進化したのである。これは人工的に進化を起こすことができた稀有《けう》な例であろう。

　一方、発がん物質のような、リーディング鎖にもラギング鎖にもランダムに変異を起こす物質を与えて培養した菌に、強い抗生物質を与えてやると、例外なく全滅する。そのようなやり方では、多様性が少な過ぎ、超耐性菌を生み出すまでには至らないのだろう。

　そういうことを考えると、生物は確かにラギング鎖とリーディング鎖という不均衡によって自然選択がうまく機能する仕組みになっていると考えたほうがよさそうだ。単にランダムな突然変異と自然選択により進化が起きるという説明よりも、理屈としてはだいぶ高級である。

　しかし、より高度の進化を考えるためには、単に突然変異を遺伝子レベルだけで考えていては駄目なのかもしれない。遺伝子の突然変異だけでなく、システムそのものが環境によって変わってしまう場合もあるのではなかろうか。

遺伝的同化

「遺伝的同化」という現象がある。

ショウジョウバエのサナギを摂氏四〇℃近くの高温に晒すと、翅《はね》の横脈《おうみゃく》がなくなって（欠失して）しまうことがある。これは、もともと遺伝的な変異によって起こる横脈欠失を、遺伝子をいじらないで起こさせる、表現型模写である。

そのような横脈欠失のショウジョウバエに卵を産ませ、生まれたショウジョウバエに同様の実験を何回か繰り返してやると、今度は温度を与えなくても横脈がないショウジョウバエが生まれる。つまり、環境によるバイアスをかけ続けると、結果として獲得形質の遺伝のようなことが起こるのである。これを遺伝的同化という。

先の大腸菌の場合では、遺伝子が結果的に方向的な（適応的な）変異を起こしたが、ショウジョウバエの遺伝的同化の場合は遺伝子が方向的な変異を起こしたわけではなく、今まで使われていなかった遺伝子が、横脈を欠失させるような遺伝子として使われだしたらしい。いいかえれば、今までは眠っていた遺伝子を、環境が眠りから起こしたということである。すなわちその遺伝子が発現する細胞内の経路ができあがったということだ。

これは、細胞内の環境を、周りの環境が変えたことになる。環境には、遺伝子そのものを変えるのではなく、遺伝子を発現させるシステムそのものを、うまく変えるメカニズムがあるのかもしれない。環境がバイアスをかけることによって、細胞内のシステムをある方向に不可逆的に変化させるということがあるのだろう。

もちろん遺伝子そのものがシステムを変えることもあるだろう。その場合でも、たとえばAという遺伝子に突然変異が起きてシステムが変わり、次にBという遺伝子に突然変異が起きるのと、同じ突然変異が先にBに起きてシステムが変わり、次にAに突然変異が起きるのとでは、結果が違ってしまうかもしれないので、遺伝子型が同じでもシステムが違うことはあり得る。

しかし、哺乳類《ほにゅう》の首の骨が七つであることからわかるように、発生のシステムは極めて保守的なので、遺伝子の突然変異で発生のシステム自体を変えていくことは難しいかもしれない。

ゴリラやパラントロプス（二〇〇万年程前の初期人類）には、頭骨の最上部に「矢《し》状稜《じょうりょう》」という突起がある。ところが、不思議なことにハイエナにも矢状稜がある。もちろん、ハイエナは霊長類ではない。ということは、ハイエナの矢状稜は、ゴリラやパラントロプスとは別にできたに違いない。共通の祖先をもっているのでパラントロプスとゴリラの矢状稜はいわゆる相同形質かもしれないが、ハイエナとゴリラの矢状稜は相同形質ではない。

しかし、ハイエナでもゴリラでもパラントロプスでも、矢状稜だけを見れば、見た目はみな同じである。となれば、矢状稜は、哺乳類の頭を作るシステムの中に、潜在的に存在し、どこかで遺伝子のスイッチが入ることで発現すると考えた方がよいのかもしれない。独立に同じ形が作れるのだとすれば、そのような矢状稜を作るシステムが相同なのである。

このシステムの中では可能な形の幅があり、その幅の中での細かい差異は種ごとに少しずつ異なるのだろう。

あらかじめ相同なシステムがあるから、ハイエナでもゴリラでもパラントロプスでも矢状稜ができる。もしかしたら、人間でもうまく遺伝子を操作してやれば矢状稜ができるかもしれない。最近、講演でこの話をしたところ、会場から手が挙がり、「私、矢状稜持っています」とおっしゃる。触らせてもらったら本当に小さいながらも矢状稜がありびっくりした。

矢状稜の形成に関与する遺伝子はゴリラと共有していて、普通はただ発現していないだけなのかもしれないし、もしかしたら異なる遺伝子を発現させることにより矢状稜を作れるかもしれない。ショウジョウバエの横脈欠失の遺伝的同化では、もともと横脈欠失を作っていた遺伝子とは違う遺伝子が働き出すのである。これは、眼の話とは逆で、違う遺伝子が同じ形を作ってしまう。

つまり、遺伝子が形を作るといっても、遺伝子と形は一対一の対応をしておらず、同じ遺伝子が違う形を作ることもあるし、逆に違う遺伝子が同じ形を作ることもある。どちらも自由にできる。いわば、情報とシステムの兼ね合いである。

「犬」を連れて来てほしい時に、口で「犬を連れてこい」と言っても、「犬を連れてこい」と書いて示しても結果は同じだろう。遺伝子は言語だといわれるのは的を射ている。言葉にはシノニム(同物異名)やホモニム(異物同名)などがあり、すべてが一対一で対応しているわけではない。イヌもワンワンも同じ動物を指しているかと思えば、同じイヌでも「官憲のイヌ」は人間のことである。

同じ形質を発現させるのに、違う遺伝子を使うこともできるし、外部から強制的に温度やエーテルを与えて発現させることもできる。ただし、環境からのバイアスは世代を継続して固定するのが難しいことが多い。世代を継続させるには遺伝子が一番簡単なのである。

これが「遺伝子が遺伝する」という意味である。これらのことがうまく機能するには遺伝子や環境からの情報を解釈するシステムの存在が不可欠となる。だから進化にとって最も重要なのはやはりシステムそのものが変化するメカニズムなのだ。しかし、これはまだヤブの中なのだ。

用不用説

用不用説とは最初の進化論者として知られるラマルクが提唱したもので、よく使う器官は世代を経るうちに発達して、使わない器官は退化していくという説だ。現在では、用不用説は誤りであるとして、一顧だにされないことが多いが、最近、少なくとも不用説は正しいのではなかろうかという研究成果が出たので紹介したい。

二〇年ほど前からオサムシの進化を研究している大澤省三《おおさわしょうぞう》を中心とするグループは、最近、何種類ものオサムシの後翅《こうし》の退化を調べ、不用説は正しいかもしれないとの論文を発表した。従来、翅の退化については、遺伝子の突然変異によって翅が退化して飛べなくなった変異個体は、飛ぶ必要がある環境では自然選択によって淘汰《とうた》され、飛ぶ必要がない環境では、翅を作る資源を他の役に立つ器官を作ることに振り向けた方が適応的なので、翅が退化する方向に進化したといった説明が行われていた。

しかし、大澤たちの研究では、オサムシの後翅の退化（甲虫では前翅は硬くなって飛ぶためには使えず、もっぱら体を保護するのに使い、飛ぶのに使うのは後翅である）は系統や種の成立時期の拘束は受けず、同種によっても生息環境の違いにより、退化の程度は全く異なることが分かった。例えば、マークオサムシという日本では主に東北地方に生息するオサムシでは、湿度が高いところでは後翅の退化は見られないが、乾燥した場所では後翅が著しく退化していた。同様なことはアカガネオサムシでも見られ、北海道の湿地に生息する個体では後翅が発達し、本州の乾燥地に生息する個体では後翅が退化していた。これらの種では後翅以外の種内の形態は変化しておらず、乾燥地に生息するものは環境の影響で、後翅が退化したと考えられる。

興味深いことには、これらのオサムシは後翅があっても筋肉が退化しているため飛ぶことはできない。乾燥地に生息するものは後翅の退化のスピードが速く、湿地に生息するものでは遅いのかもしれない。使わない器官は徐々に退化するにしても、そのスピードは生息環境に依存しているのであろう。ミクラミヤマクワガタという伊豆《いず》諸島の御蔵島《みくらじま》と神津島《こうづしま》にのみ生息する特異なクワガタムシは飛べないけれど、後翅をもつ。恐らく飛ぶための筋肉は退化しているのであろう。大澤の私信によると、飛ばなくなってから十分な時間がたっていないか、オサムシで後翅の退化を遅らせているのに匹敵する環境要因のためではないかとのことだが、本当のところは分からない。

洞窟《どうくつ》に棲《す》むゴミムシの中には眼が退化しているものが多いが、これらは暗がりに適応する感覚毛を発達させていたりして、後翅のみが退化するオサムシの場合とまた異なるメカニズムが働いているのかもしれない。

四　恐竜はなぜ滅んだのか？

巨大隕石の衝突

恐竜がなぜ滅んだのかについては、昔は全く原因がわからなかった。今までにもいろいろな説が登場したが、最近では巨大隕石《いんせき》が地球に衝突したためとする定説がすでに確立している。ここまでは、恐らくご存知の方も多いと思うが、今では隕石が衝突した場所までわかっている。メキシコのユカタン半島チクシュルブ近辺に、深さが二〇キロメートル以上、直径が約二〇〇キロメートルぐらいのクレーターがあることが判明しているので、ここが衝突場所であることはまず間違いない。

これは一種のカタストロフィである。衝突したのは彗星《すいせい》か小惑星かという論争がこの何年か繰り返されていたようだが、どうも直径約一五キロメートルの小惑星という説が正しいようだ。ちなみにこの巨大隕石説は、ノーベル賞を受賞した物理学者のルイス・アルバレスが一九八〇年に唱え出したものであるが、当初はあまり信用されていなかったらしい。しかし、結局は正しかったのである。

ところで、恐竜絶滅の原因が巨大隕石には違いないとしても、なぜ隕石が衝突したぐらいで恐竜が滅んでしまうのだろうか。

まず、そのような巨大隕石が落ちれば、直撃の瞬間の凄《すさ》まじい高熱により、辺り一帯は一瞬のうちにすべて燃えてガスになり、そこにいた生物は助からなかっただろう。また、大火山が爆発したようなものであるから、周りの森林が燃えれば、そこから次々と飛び火し類焼が続いていく。さらに高さが数百メートルから一キロメートルに及ぶとてつもない大津波が起きる。海岸沿いの生物は、津波の直撃を受けたに違いない。

メキシコに落ちたのなら、北半球のアジアの内陸やアフリカなどはあまり関係ないだろうと思うかもしれない。しかし、凄まじい量の噴煙が地球規模で上空に滞留するため、太陽光がさえぎられて、地球がどんどん暗くなっていく。

つまり、直径何百キロメートルものクレーターを作るような巨大隕石がぶつかれば、その爆発あるいは類焼によって上空を塵《ちり》や水蒸気が覆い地表に光が届かなくなる。一昔前に「核の冬」という話があったが、核弾頭を何個か落としたぐらいでもそうなるというのであれば、巨大隕石がぶつかれば、結果は想像するに難くない。

地球が暗くなることは、生物にとって深刻な問題である。まず、植物は光合成が阻害される。光合成が阻害されれば植物は育たず、動物の食物がなくなる。食物がなくなって一番困るのは、生態系の頂点にいる生物である。生態系では、食物連鎖の段階はひとつ上がると、利用できるエネルギーは十分の一ほどに減少してしまうため、たとえば肉食恐竜のように食物連鎖が高次の生物は、下が駄目になると真っ先に駄目になってしまう。さらには大きな草食動物もエサが不足して餓死しただろう。一説によると成体の体重が二五キログラム以上の陸上動物は恐竜以外もすべて絶滅したという。小さな恐竜の中には生き残ったものもおり、それは鳥類に進化した。鳥は生きている恐竜なのである。

また、衝突直後は地球が寒くなるので、適応できない生物はみな死ぬ。光が届くようになってくると、炭酸ガスが増えることもあって、逆に温暖化が進むかもしれない。このように、環境が激変するのは生物の多様性の維持にマイナスであろう。

しかし、隕石が衝突して恐竜があれほど死んでも、生物そのものは滅びなかったことを考えると、何が起こっても生命はそう簡単に滅びることはないのだろう。

環境が問題となるのは、人間の存在を考える場合だけである。逆にいえば、人間の存在を考えなければ、環境問題は論じることはできない。地球と同規模の惑星がぶつかるとなれば、さすがに地球は壊れてしまうかもしれないが、「地球に優しく」といったところで、地球自身、生命自身にとっては環境問題などはどうでもいい話なのである。

地球に巨大隕石（小惑星）がもし本当にぶつかるとなれば、地球の生態系は相当攪《かく》乱《らん》されて、極度の食糧難になるだろう。環境が激変して困るのは地球ではなくて人間なのである。

大絶滅のあとの多様化

恐竜が絶滅した時期は、約六五〇〇万年前の中生代と新生代の境界で、「K／T境界」と呼ばれている。K／Tとは時代の略称で、KはドイツのKreide（英語ではCretaceous）の頭文字で「白亜紀」を表わし、Tはドイツ語のTertiär（英語ではTertiary）の頭文字で「第三紀」を表わしている（C／T境界としてもよいと思うが、みなK／T境界と呼んでいる）。

ところが、生物の大絶滅はなにもK／T境界だけの話ではない。もっと大規模な絶滅が今から二億五〇〇〇万年前の古生代と中生代の境目で起きている。これは「P／T境界」と呼ばれ、Pは「ペルム紀」（英語でPermian）、Tは「三畳紀《さんじょうき》」（英語でTriassic）の頭文字を表わしている。この大絶滅は凄まじい規模で、種のレベルで海産無脊椎《むせきつい》動物種の九五パーセントが絶滅したといわれている。絶滅自体は一気に起きたわけではなく、かなり長いスパンではあるが、種のレベルでほとんど生き残らなかったのだ。

また、同規模の大絶滅が、先カンブリア時代の末期に起きているのではないかといわれている。これは「V／C境界」と呼ばれ、Vは「ベンド紀」（英語でVendian）、Cは「カンブリア紀」（英語でCambrian）の頭文字を表わしている。

ちなみに、地球の時代区分では、おおまかな区分を「代」（era）、その下の区分を「紀」（period）と呼ぶ。そして私たちは古生代以前（五億五〇〇〇万年前より昔）を「先カンブリア時代」とまとめて呼んでいるが、先カンブリア時代もいくつかの代や紀に分かれており、その最後がベンド紀にあたる。

V／C境界に起きた大絶滅も最大規模とされており、先カンブリア時代末に出現したエディアカラ生物群は、その時ほとんどが滅んだという。

大絶滅のあとには必ず新しい生物が急激に出現する。今は人間が生態系の頂点に立っているが、人間が地球環境を激変させて生物がたくさん絶滅すれば、そのあとに新しい生物が大量に出現するのかもしれない。

では、なぜ大絶滅のあとに新たな生物の多様化が起こるのだろうか。ひとつは、生態系に大きな空白ができるため、次の生物がたくさん出現する余裕が生まれると考えられる。カンブリア紀の大爆発も、エディアカラ生物群がいなくなり、生態的地位の大きな空白が出現したことと関係している。

ただし、その生態的地位の空白を埋めることができる生物のシステムがなければ新しい生物は簡単には出現しないだろう。システムが存在さえすれば、システムの枠内でとにかくできるだけの多様化が進むのだろう。その後で、自然選択やら偶然やらで滅びるものは滅んで生態系は安定してくると思われる。

超大陸と絶滅との関係

ところで、先のV／C境界とP／T境界では何が起きたのだろう。ちょうどペルム紀（二畳紀）と三畳紀の間に「パンゲア」という超大陸ができた。普通、パンゲアだけが超大陸のように思われているが、実はその前にも超大陸はいくつかできており、できては分裂を繰り返している（このサイクルを「ウィルソン・サイクル」という）。その最後の超大陸がパンゲアである。V／C境界に作られた超大陸はゴンドワナという。今、また新たな超大陸ができつつあり、しばらく経つと次の超大陸ができるようだ。しばらくといっても一億年ぐらい先の話であるが。

超大陸ができると何が起きるのか。大陸はみなくっ付いてしまうから海岸が減る。すると、今まで浅い海に適応していたような生物は、かなり死ぬと考えられる。

大陸の形成と分裂には、地球内の「プルーム」の動きが関係しているという。プルームは、「コールドプルーム」と「ホットプルーム」に大別され、コールドプルームは上から下に向けて下がってくるマントルの動き、ホットプルームは下から上に向けて上がってくるマントルの動きである。大陸はマントルの上に乗っている板のようなものだから、コールドプルームなら、そこに引きつけられて流れてきて、最後はある一点で衝突する。今は巨大なコールドプルームが、アジア大陸にあるらしく、世界の大陸はそこに向かって最終的に集まってくるという。

コールドプルームの反対はホットプルームである。現在の地球ではそれはアフリカと南太平洋にある。すべての大陸がひとつのスーパー・コールドプルームに引きつけられて集結し超大陸ができると、今度はそのそばにホットプルームができて、そこからまた分裂を始めると考えられている。

超大陸が分裂しはじめると地殻変動が激しくなり、火山の爆発が相次ぐようだ。有名なのはシベリアン・トラップである。P／T境界で二〇〇万年以上続いた火山活動の跡だと考えられている。ウラル山脈の東に広がる火山活動で噴出した洪水《こうずい》玄武《げんぶ》岩《がん》で面積は約二〇〇万㎢、西ヨーロッパ全土の面積に匹敵する（日本の五倍強）。この火山活動により噴出した有毒物質により絶滅した生物も多かったと思われる。また、海洋では「スーパーアノキシア（superanoxia）」という、その名のとおり激しく酸素が欠乏する現象が生じたらしい。海洋に酸素がなくなってしまい、酸素呼吸をしている生物は死ぬため、それも大絶滅の原因になる。

ところでヘンな話だが、たとえば古生代と中生代の間、中生代と新生代の間、先カンブリア時代と古生代の間になぜ大絶滅が起きたのかといえば、そもそも、古生代、中生代、新生代などは生物相を基準に分類されており、そこで生物相が変わったということだから、大絶滅が起きているのは当たり前なのである。

中生代の三畳紀とジュラ紀の間、また古生代のデボン紀やオルドビス紀の終わりなどにも、大絶滅が起きている。これらの原因の多くは隕石の衝突や火山活動と考えられている。詳しくは拙著『38億年生物進化の旅』（新潮文庫）を参照して下さい。

五　私たちはどこからきたのか？

ヒトの由来

人間は、自分の由来が気になる生き物らしい。最古の人間の化石が出たというと、石のかけらみたいなものでも、「ネイチャー」誌などで大騒ぎになっている。

霊長類が出現したのは、恐竜などよりずっと後である。霊長類の起源は、六五〇〇万年ぐらい前（白亜紀末）の「プルガトリウス」というネズミに似た生物とされている。ヒトや類人猿は今から二三〇〇万年ぐらい前に「プロコンスル」と呼ばれるサル（初期類人猿）が出現し、ここから分岐していったと考えられている。

現在、ヒトに非常に近縁だといわれているものは、オランウータン、ゴリラ、チンパンジー、それからボノボ（ピグミーチンパンジー）である。ヒトを含めたこの五種はかなりまとまっており、その昔、形態だけで種を分けていた人たちは、ヒトだけは特別で、ゴリラとチンパンジーなどをまとめていた。その頃の分岐図を見ると、オランウータン、ゴリラ、チンパンジー、それからチンパンジーに非常に近いボノボの四つが近縁で、ヒトだけは独立していたのだが、最近のDNA解析などによると、それは全くの間違いだったことになる。

五種の中ではじめに分岐したのはオランウータンで、一四〇〇万年ぐらい前である。しばらくすると、今度はゴリラが分かれる。かつては、およそ七〇〇万年前ぐらいと考えられていたが、最近では、ヒトとチンパンジーが分かれたのがそのぐらい前ではないかと考えられているので、ゴリラとヒト（やチンパンジー）の分岐年代は、もう少し古く、一〇〇〇万年ぐらい前だ。

その後、チンパンジー（やボノボ）とヒトが分かれ、最後に、ボノボとチンパンジーが分かれたのは比較的最近で、三〇〇万年ぐらい前だと考えられている。

以上のとおりだとすると、最古の人類は、チンパンジーと分かれたあと、つまり七〇〇万年ぐらい前に出現したことになる。前世紀の終わりまでは、エチオピアから発見された四四〇万年ぐらい前の「ラミダス猿人」（アルディピテクス・ラミダス）が最古とされていた。しかし、同じくエチオピアで、五八〇万から五二〇万年ぐらい前の地層から、ラミダス猿人に近縁のアルディピテクス・カダバが見つかり、さらにより古いオロリン・トゥゲネンシス（六〇〇万年前）がケニアから、そして現在知られる最古の人類であるサヘラントロプス・チャデンシスが中央アフリカ・チャドの七〇〇万年前の地層から発見された。これらの化石の脳容量は現生のチンパンジーとほぼ同じ三七〇ml程度であった。後で詳述するがこれらの人類はみな二足歩行をしていたと考えられているので、二足歩行は脳容量の増大に先行したのである。

最初のヒトはどこで暮らしていたか

人類の歴史を考えるうえで一番の問題は、最初のヒトが、どういう場所で出現し、どういう場所で生活していたかということである。

一般的には森林の中に棲《す》んでいたものが、サバンナに適応してヒトになったと考えられている。ところが、サヘラントロプス、オロリン、アルディピテクスなどの化石が出土した場所は、当時はかなり深い森林だったようなのだ。すでに森にいた時点で、ヒトになったのであれば、ヒトはサバンナへの適応形態として進化したわけではないことになる。自然選択の結果進化したのであれば、環境が先でなければ理屈が成り立たない。ゆっくりにせよ急激にせよ、サバンナへ出てきてはじめてヒトが進化したのであれば、最古のヒトは当時サバンナだった場所から見つからなければ困るわけだ。しかし、深い森林から見つかったというのだから、サバンナに出てからヒトになったのではなく、ヒトになってからサバンナに出てきたと考えたほうがいい、と私は思う。

本章第二・三節でも述べたが、形態の変化のすべてを、突然変異と自然選択で、徐々に環境に適応していった結果だと説明するのは無理であろう。むしろ、適応する前にある形が先にできてしまって、自分の形に適応した生息場所を探したと考えた方がいい場合も多いと思う。

もしかしたらクジラも海に入ったから今の形になったわけではなく、海に入らなければ生きていけないから海に入ったのかもしれない。海辺にいたパキセトゥスなどが、ある時気が付いたら突然脚が短かくなっていた。そばに海があったのでそこに入ってみたところ、意外と餌もあるし動きやすかったというのが正解なのかもしれない。

海に入ると重力から自由になるから、いくらでも大きくなれる。ところが、地上で歩いている生物には、重力の制約があるため、あまり大きくなれない。シロナガスクジラなどは、一〇〇トンを超えるとてつもない大きさになれるのにゾウはせいぜい一〇トンである。海の中で大きくなるのは一気に変わる必要がないから、自然選択で進化したと考えてもさしつかえないだろう。しかし、急激な変化は自然選択で説明するには無理がある。

深い森の中で、たとえば遺伝子の使い方が少し変わり、それに連動して直立二足歩行になり、森の中にいるよりもサバンナのほうが生活しやすいからサバンナに出てきたと考えたほうがいい。もちろん、細かい適応はそのあとにも起きただろうが、大きな話としては、形のほうが先で、形に適した場所にやってきたのだろう。

イギリスのエレイン・モーガンは、ヒトはかつて水棲《すいせい》生活をしていたと主張して

（アクア説）、その根拠に、体毛がないことや対面で性交をすることなどを挙げている（『人は海辺で進化した』どうぶつ社）。彼女の論も、自然選択で徐々に進化したというダーウィニズムの呪縛《じゅばく》から免れないでいる典型で、一気に形態が変化してしまえば、適応もヘチマもない。

繰り返すが、形は徐々に変わる必要はない。いきなり変わってしまえば、形を作ることに関して自然選択は必要ない。自然選択は作られた生物の数の増減に関与しているだけで形を作ること自体に関与しているわけではない。

つまり、自然選択はあるのだが、自然選択が関与している部分はむしろマイナーなところだけであり、大きな進化は一気に起きたのではないか。自然選択とはあまり関係ないやり方で一気にシステムなり形なりができたと考えたほうが合理的なのではないか、と私は思う。そういうわけでヒトも、不連続的にヒトになったと私は考えている。

覆される従来の進化観

ラミダス猿人よりもう少しあとに出現したのが「アウストラロピテクス」（「南のサル」という意味）である。アウストラロピテクスの中で現在知られている最古のものは、「アウストラロピテクス・アナメンシス」であり、これは四〇〇万年ぐらい前に棲息していた。

アウストラロピテクスは骨格全体の構造から、直立二足歩行をしていたことは確実である。最古の人類であるサヘラントロプスもすでに二足歩行をしていたという解剖学的な根拠がある（頭骨の大後頭孔《だいこうとうこう》が下にある。四足歩行の動物では後ろにある）。オロリンは大腿骨《だいたいこつ》の構造から、アルディピテクスは手の構造から二足歩行をしていたと考えられている。二足歩行こそが人類と類人猿を分けるキーポイントなのだ。

ところで、四〇〇万年前から二〇〇万年前ぐらいまでの間に、アウストラロピテクスの名前が付いているものとして、「アウストラロピテクス・アファレンシス」（アファール猿人）や「アウストラロピテクス・アフリカヌス」などがいる。これらは華奢《きゃしゃ》なタイプのアウストラロピテクスと呼ばれる。

ここから分岐して頑丈なタイプのアウストラロピテクスが出たらしい。頑丈なタイプは、アウストラロピテクス属ではなく、「パラントロプス」という別属として扱われることが一般的だ。すでに言及したように頭骨の最上部に矢状稜《しじょうりょう》が付いており、頑丈な頬骨と丈夫な顎《あご》と大きな臼歯《きゅうし》を持っていた。脳容量は五〇〇mlくらい。恐らく固い種子などをガリガリ擦って食べていたと思われる。パラントロプスにも、「パラントロプス・エチオピクス」「パラントロプス・ロブストゥス」「パラントロプス・ボイセイ」など、いくつかの種がいたようだが、今から約一〇〇万年前までには絶滅してしまったらしい。

華奢なタイプのアウストラロピテクスの脳容量は、パラントロプスより少し小さいおよそ四〇〇mlから五〇〇mlである。今の私たちがおよそ一三五〇mlだからずいぶん小さい。その華奢なタイプのアウストラロピテクスの一部は分岐して、パラントロプスに進化し、別の一群からはホモ属が進化したらしい。

ホモ属が現れたのは今から約二〇〇万年前で、ここではじめて、いわゆる私たち現代人類（ホモ・サピエンス）と同じ属に分類されている人間が出現する。

一九六四年、有名な人類学者のリーキー夫妻が、タンザニアのオルドヴァイ峡谷から発見した人類の化石に「ホモ・ハビリス」という名を冠して話題になった。そのうち、ホモ・ハビリスの他にも、少しタイプの異なるものが同時期に棲息していたことが明らかになる。これらは「ホモ・ルドルフェンシス」や「ホモ・エルガステル」と名づけられている。

少なくとも、約一九〇万年から一八〇万年前の東アフリカ・トゥルカナ湖東岸（ケニア領）のクービ・フォラには、「ホモ・ハビリス」「ホモ・ルドルフェンシス」「ホモ・エルガステル」それから先に述べた「パラントロプス・ボイセイ」という四種が棲息していたことは確からしい。

これは人類進化のパターンとして、原始的な種が単線的に徐々に進化して高等な現代人になってきたという進化観を打ち砕くものだ。事実は、何種も出たうちのある系統だけが現代人になり、なぜかはわからないが、あとはすべて絶滅してしまったのである。現代人に続く系統は「ホモ・エルガステル」と考えられている。

そういう意味では、人類の進化も他の生物の基本的な進化パターンと大差はない。最初は一気にいろいろな種が出るのだが、次第に安定していくうち、他の種は徐々に駄目になっていき、ひとつの系統だけが残る。ウマの進化パターンも同じだということがわかっている。

アフリカ残留組とアジア進出組

ここまで、人類の進化史はすべてアフリカが舞台であった。ところが今から一八〇万年ほど前に、アフリカからアジアに渡ったホモがいた。「ホモ・エレクトス」(直立猿人)である。これはホモ・エルガステルから進化したのではないかといわれている。

先にも述べたとおり、ホモ・エルガステル、ホモ・ルドルフェンシス、ホモ・ハビリスは同じ場所に棲んでいたが、ホモ・ハビリスは非常に小さくいかにも原始的だった。ホモ・エルガステルは少し背が高く、洗練された感じだったようだ(かなり大きな違いがある)。

ホモ・エレクトスは、脳容量が平均一〇〇〇mlでだいたいアジアに棲息し、ジャワ原人や北京《ペキン》原人などもホモ・エレクトスである。かつてはホモ・エレクトスが現生人類に進化したと考えられていた時代もあったが、現在ではこの系統は絶滅したと考えられている。最後まで生き延びたのはホモ・フローレシエンシスで五万年前まで生存していたとされる。この人類はホビットという愛称の通り、身長一メートル余りの小さな人類で脳容量も三八〇mlとチンパンジー並だが、脳の構造は現代人に近く、高次の認知機能を有していたと思われる。それ以外のホモ・エレクトスは七万年前に起きたインドネシア・スマトラ島のトバ火山の超巨大噴火により絶滅したと考えられている。

アフリカに残ったホモ・エルガステルはその後もアフリカにずっといたわけだが、しばらくすると「ホモ・ハイデルベルゲンシス」という、より現代人類に近い種に進化したらしい。

ホモ・ハイデルベルゲンシスは、ドイツのハイデルベルクで四〇万年ぐらい前の地層から発掘されたものに付けられた名であるが、ホモ・ハイデルベルゲンシスと思われる最古の化石はエチオピアの六〇万年前の地層から出土している。これとは別に、スペインでそれより前（八〇万年ぐらい前）の地層から、「ホモ・アンテセソール」と呼ばれるものが発掘された。ホモ・アンテセソールは、先のホモ・エルガステルと現代人を結ぶ最古の化石だが、ホモ・アンテセソールとホモ・ハイデルベルゲンシスは同じ種かもしれない。

ホモ・ハイデルベルゲンシスは、ネアンデルタール人（ホモ・ネアンデルターレンシス）の直接の祖先ではないかと考えられている。遺伝学的な解析の結果、現代人とネアンデルタール人は約六〇万年前に分岐したと考えられているので、約六〇万年前にホモ・アンテセソールあるいはホモ・ハイデルベルゲンシスが二系統に分岐し、ヨーロッパに渡ったものはネアンデルタール人に、アフリカに残ったものは現代人類に進化したと思われる。最古のネアンデルタール人は約四〇万年前のスペインの地層から、最古の現代人（ホモ・サピエンス）と思われる化石は三〇万年前のモロッコの地層から、それぞれ出土している。さらに四七万年～三六万年前頃に、ネアンデルタール人の系統からデニソワ人が分岐したと考えられている。デニソワ人とはアルタイ山脈にあるデニソワ洞窟《どうくつ》から見つかったネアンデルタール人に近縁の絶滅人類で、四万年前までは確実に生存していたことがわかっている。

ホモ・サピエンスの認知革命

三〇万年前からしばらくの間、初期ホモ・サピエンスはモロッコばかりでなく、アフリカ各地に孤立集団として生息しており、現生人類は単一集団から進化した訳ではないとの説もある。しかし、母系遺伝をするミトコンドリアＤＮＡの系統をたどっていくと、すべての現生人類は約一六万年前の一人の女性に辿《たど》り着くので（この女性はミトコンドリア・イヴと呼ばれている）、少なくとも母系に関しては単一集団から拡散したことは確かであろう。もちろん男系については分からないので、核DNAに関しては、複数の集団からDNAが流入したということはあるかもしれない。

ホモ・エレクトスやネアンデルタール人に比べてずっと長くアフリカにとどまっていたホモ・サピエンスだが、今から少なくとも一〇万年以上前から、断続的にユーラシアに移住を試みたようだ。初期の移住集団は中東に住んでいた。ネアンデルタール人は四〇万年前から一〇万年前までは主としてヨーロッパに住み、ホモ・サピエンスと出会うことはなかったらしい。しかし、八〜七万年前より、ネアンデルタール人はアジアに進出して、そこでホモ・サピエンスと出会う。この最初の遭遇ではネアンデルタール人の方が優勢で、ホモ・サピエンスは後退を余儀なくされたようである。

ネアンデルタール人は脳容量も一四五〇mlと現代人の平均一三五〇mlより大きく、この時点では、必ずしもホモ・サピエンスより劣等な人種であったというわけではなかったのである。この最初の出会いで、この二種は交雑したものと考えられる。ところが、いまから六〜五万年前になると、ホモ・サピエンスは中東に戻ってきて、再びネアンデルタール人に遭遇する。ここでも、交雑が起きたが、今度はホモ・サピエンスが優勢でネアンデルタール人を追い出すことになる。二度目の交雑は五万四〇〇〇年～四万九〇〇〇年前ごろに起こったようだ。勢いに乗ったホモ・サピエンスはヨーロッパに進出して四～五〇〇〇年くらいの間にネアンデルタール人を滅ぼしてしまう。ネアンデルタール人は三万九〇〇〇年前までには絶滅したと考えられている。

二種の勢力の逆転はなぜ起きたのか。一つは七万年～六万年前ごろにホモ・サピエンスに認知革命がおこり、急激に賢くなったという説がある。認知革命が起こった原因は定かではないが、脳に何らかの変化が起きたのだろう。ちょうどこの頃、先に述べたように、スマトラ島のトバ火山が超巨大噴火を起こし、世界の気温が摂氏五度以上低下し、低温状態がかなり続いたという（一説によれば数千年、別の説では数十年から一〇〇年程度、数年ですぐに回復したとの説もある）。いずれにせよ世界が寒くなったのは確からしく、植物の生産量は減少し、生物の絶滅確率は高くなった。この噴火で人類はかろうじて生き延びたが、その人数は最小で一万人以下にまで減少したらしい。世界が寒くなったことと関連して、二つ目の説は、ホモ・サピエンスはネアンデルタール人との交雑により、耐寒性に優れた遺伝子を手に入れることによって、寒いヨーロッパに進出でき、ネアンデルタール人と対等以上に競争できたのではないか、というものだ。

DNAに残る絶滅種の痕跡

現代人のミトコンドリアDNAにはネアンデルタール人の痕跡《こんせき》は見当たらないので、生き延びたのはすべてホモ・サピエンスの女性とネアンデルタール人の男性の間に生まれた混血児の子孫ということになる。赤子は通常母親の属する部族の中で育てられるであろうから、ホモ・サピエンスの男性の子を生んだネアンデルタール人の女性もいたに違いないが、この混血児の子孫はネアンデルタール人の部族の消滅と運命を共にしたのであろう。

ネアンデルタール人はホモ・サピエンスとの競争に敗れて絶滅したのは確かだとしても、血なまぐさい抗争の末に滅んだのではなく、食物を採る競争に敗れたのだろう。時は最終氷期の只中《ただなか》で獲物は豊富ではなかったろう。狩りの技術に優れていたホモ・サピエンスの侵入により、ネアンデルタール人の収穫量は減り、栄養不足に陥り死亡率が増大したと考えられる。

ネアンデルタール人のDNAは、平均で二パーセントほど非アフリカ系の現生人類のDNAに混入しており、アジア系の人の方がヨーロッパ系の人より混入割合は高い。先に述べたように、トバ火山の大爆発でホビット以外のホモ・エレクトスは滅んだが、ホモ・サピエンス、ネアンデルタール人以外にも、もう一種生き延びた人種がいる。先に述べたデニソワ人である。ホモ・サピエンスはネアンデルタール人に続いてデニソワ人とも交雑した。ホモ・サピエンスがデニソワ人と交雑したのは、ネアンデルタール人と交雑したより少し後、四万九〇〇〇年～四万四〇〇〇年前ごろのようである。

ホモ・サピエンスとデニソワ人の交雑が起きた地域には諸説があるが、アジア大陸東南部とする説が有力である。ネアンデルタール人のDNAはサブサハラ（サハラ砂漠以南）のアフリカ系現代人を除くすべての現代人に混入しているが、デニソワ人のDNAは現代アフリカ人のみならず、現代ヨーロッパ人にも混入していない。これは、ネアンデルタール人と交雑した後で、ヨーロッパに進出したホモ・サピエンス（クロマニョン人）はデニソワ人と遭遇することはなく、アジアに残ったホモ・サピエンスだけがデニソワ人のDNAを受け継いだことを示している。

東南アジア、東アジア、南北アメリカ、オセアニアのそれぞれに住むネイティヴの人たちは、ネアンデルタール人とデニソワ人のDNAを持っているので、東南アジアでデニソワ人と交雑した後、一部の人はこれらの地域に移住したのであろう。なぜかは知らないが、中東を越えてヨーロッパに移動することはなかったのである。もちろん、一般の日本人もネアンデルタール人とデニソワ人のDNAを持っている。デニソワ人から受け継いだDNAの中には、特殊な環境に適応的なものもあったようで、例えば、チベット人は酸素の少ない環境でも普通に生活できる、高地適応の遺伝子をデニソワ人から受け継いだようである。

デニソワ人のDNAを最も沢山受け継いでいるのはオセアニアの人々である。現代ニューギニア人や、オーストラリアのアボリジニはDNAの三〜六パーセントがデニソワ人由来である。ネアンデルタール人のDNAも含めると、これらの人々のDNAの最大八パーセントはホモ・サピエンス以外の人類からのもらい物だということになる。オセアニアの人々は特殊な集団で、デニソワ人と交雑した後すぐにオセアニアにわたってきて、その後すぐにアジアから隔離されたと考えられる。

ホモ・サピエンスがオーストラリアに侵入した年代については諸説あり、七万年〜五万年前という説が多かったが、オーストラリアに侵入する前に、東南アジアでデニソワ人と交雑したのが五万年前以降であるとすると、侵入年代はもう少し新しいということになる。日本列島には三万五〇〇〇年〜二万五〇〇〇年前頃に侵入したと考えられている。北アメリカには一万五〇〇〇年前以降断続的に侵入したようで、コロンビアマンモス、メガテリウム（オオナマケモノ）、マストドンほか多くの野生動物を絶滅に追いやったことが分かっている。

長い間ホモ・サピエンスが野生動物と共存していたアフリカ以外では、ホモ・サピエンスは侵入した先々で野生動物を絶滅に追いやったようで、アジア大陸ではケナガマンモスが約一万年前に絶滅したほか、オーストラリアでは巨大なフクロライオンや、ダチョウの二倍もある飛べない鳥や、小型自動車ほどのカメなどが、人類の到着後に時を置かず絶滅している。人類が野生動物を絶滅に追いやるのは今に始まったことではないのである。

言語の起源は新しい

ところで、ネアンデルタール人は言葉をしゃべれたのだろうか。脳容量が大きかったのだからしゃべれたに違いない、と私は思うのだが、しゃべれなかったという説もある。現代人の言語野はブローカ野（通常、左前頭葉に位置する）とウェルニッケ野（通常、左側頭葉に位置する）だが、もしネアンデルタール人が話せないとすれば、ネアンデルタール人では、脳のその部分はどういう役割を果たしていたのだろうか（第六感でも発達していたのだろうか）。

ホモ・エルガステルに、「トゥルカナ・ボーイ」という有名な標本がある。このトゥルカナ・ボーイは、トゥルカナ湖西岸ナリオコトメから出土した、一六〇万年ぐらい前のほぼ完全な全身骨格の化石である。彼は年齢が九歳ぐらいと推定されるが、背丈が一六〇センチもあり、成人になったら現代の白人と同じぐらいの一八五センチほどになっただろうと考えられている。このトゥルカナ・ボーイは、解剖学的な特徴から、まず間違いなくしゃべれなかったことはわかっている。

ここまで見てきたように、現代人類に至る道程は、ホモ・エルガステルからホモ・

ハイデルベルゲンシスにいき、そこから分岐してホモ・ネアンデルターレンシス（プラス　デニソワ人）とホモ・サピエンスに分かれるが、ネアンデルタール人がしゃべれないとすると、ホモ・サピエンスは分岐したあとにしゃべれるようになったことになる。つまり、言語の起源は六〇万年よりもあとになるが、ネアンデルタール人がしゃべれたと考えるとしても、ホモ・サピエンスとネアンデルタール人は独立に言語を獲得したと考えれば、言語の起源はずっと新しくてもかまわない。

言葉をしゃべるためには、脳の構造と口の構造が変化する必要がある。逆に構造が変化しさえすれば、一気にしゃべれるようになるのだと思う。

しゃべるための解剖学的な構造ができさえすれば、同時多発的にいろいろな言語ができたのだろう。すべての言語が単系統と考える必要はない。実際、現代人類は、言語について生得的な能力をもつことはよくわかっている。

有名な話だが、ニカラグアの聾《ろう》学校で手話が自然発生したことがある。手話は、昔はいい加減な言語だと思われていたのだが、実際はよくできた言語なのである。私たちが話している日本語などと同じような自然言語で、文法もあり、相当細かいところまで伝達することができる。手振りは「私、行く。あなた、来る」といったことしか伝えられないかなりおおざっぱなものだが、身振りや顔の表情を加えることにより、「私が行くので、あなたも来なさい」とか「私が行くから、あなたも一緒に行こう」

などの微妙な表現を伝えることができるらしい。

ニカラグアでは聾学校ができる前までは、聾の人々が一堂に集まることがなく、個々人が家庭にポツンポツンといて、共通の手話がなかった。ところが、聾学校ができてたくさんの聾の人が集まると、手話が自然発生したという。

極端なことをいえば、小さな子供を一〇〇人くらい集めて無言語状態で育てると、恐らくは独自の言葉ができるのではないだろうか。

子供の時からアメリカで暮らしていれば英語しか話せなくなり、日本で暮らしていれば、日本語しか話せなくなる。どういう言語を話すかということに関して遺伝的な拘束性は全くない。しかし、言語を話す能力は遺伝的に備わっているのだ。

言葉に関係する「FOXP2」遺伝子

言語学者のリーバーマンは、ネアンデルタール人の頭蓋《ずがい》底の形から音道を復元し、ろくな言葉をしゃべれなかったと述べている。喉頭《こうとう》の位置がチンパンジーなみに高かったからである。喉頭が高いと息が口に抜けず、鼻孔に抜けてしまうのでうまくしゃべれないのだ。もちろん反論もある。人間の頭は十数種類の骨からできており、ひとつを除いてすべてくっ付いている。そのひとつは舌骨《ぜつこつ》という舌の下部にある浮いた骨である。その骨の形が、ネアンデルタール人は現代人に非常に近い。この観点からは、ネアンデルタール人も舌をうまく使うことができ、しゃべれたのではないだろうかと考えられる。

実際問題としてネアンデルタール人がしゃべれたかどうかは確かめようがないが、舌も使え脳容量も大きいのだから、しゃべれたのではないか、と私は思う。ただし、そうだとしてもしゃべり方は現代人とは少し違ったかもしれず、非常に特殊な言語を使っていた可能性がある。今でもアフリカには、「パッ」「ピッ」という具合に、舌打ちをして唾《つば》を飛ばすように発音する言語がある。そのような発音であれば、あまり口から強い息が出なくても（あるいは声帯を使わなくても）発話が可能であろう。

ところで言語に関係する遺伝子としてＦＯＸＰ２がある。ヒトでは七番染色体上にあり、これが異常になると発話や構文などに障害が起こることが分かっている。ヒト以外にも多くの動物に存在し、小鳥がうまくさえずることにもＦＯＸＰ２が関与していると言われている。チンパンジーとホモ・サピエンスでは二塩基のみ異なっており、これがチンパンジーが喋《しゃべ》れない原因と考えられる。ネアンデルタール人と現代人は全く同じＦＯＸＰ２を持っているので、この観点からは、ネアンデルタール人も喋れたと推察した方が合理的だ。喋れないとすると、ネアンデルタール人ではこの遺伝子の発現を妨げている因子が何かあるのかもしれない。ＦＯＸＰ２をコントロールしているＦＯＸＰ２周辺のＤＮＡ配列が多少異なるということは考えられる。七万年～六万年前に起きたとされる認知革命はもしかしたらFOXP2近辺のDNAが変異してFOXP2が活性化したことにより生じたのかもしれない。

ホモ・サピエンスが、認知革命以前から現代の我々と同じレベルの言葉を喋れたかどうかについては議論があるが、文字の発生はずっと後である。ホモ・サピエンスは一万年〜五〇〇〇年前までの間に、世界のあちこちで、同時多発的に農耕を始める。人口が増えて狩猟採集生活だけでは食物が足りなくなったのであろう。土地を開墾し農地を増やせば食料が増える。狩猟採集生活では人口は生態系の収容力によって上限が決まっていたが、農耕生活では人口が増えれば、農地を増やし、農地が増えれば人口が増える、というポジティヴ・フィードバックがかかり始める。

狩猟採集生活をしていた頃の人類はバンドと呼ばれる集団で共同生活をしており、一万年前の世界人口は五〇〇〇万人からせいぜい一〇〇〇万人くらいであった。バンドの成員はすべて顔見知りで、お互いの性質や得手不得手も知っていたであろう。しかし人口が増えると知らない人が増えて、集団を統制するのに明示的なルールが必要になった。

英国の人類学者ロビン・ダンバーは、お互いに相手と親密な関係を築ける集団の上限は一五〇人程度だという仮説を提唱した。これはダンバー数と呼ばれる。この程度の数の集団では、個々人が自由にふるまっても自立性と柔軟性が保たれ、集団のまとまりは崩壊しないという。しかし、農耕生活を始めると、集団の人口はダンバー数をはるかに超えて増大し、集団を統制するために指導者が出現し、集団を統制するルールが作られ、ルールを伝えるための文字が発明された。

文字が発明されたのは六〇〇〇年~五〇〇〇年前頃と考えられている。

文字が発明されるとしばらくして貨幣が出現し、世界宗教が出現し、極端な階級社会である帝国が出現した。これらは四〇〇〇年~三〇〇〇年前までの出来事だ。学校で習う歴史は、ほぼすべてこの辺りから始まるので、多くの人は、国家や貨幣や宗教は、悠久の昔から続く普遍の制度だと思い込まされているが、実は人類史的にはつい最近の発明品なのである。

第四章　病気のなぞ

一　がんになる人ならぬ人

「身内の反乱」がん

昔は、がんで死ぬ人はあまり多くなかった。恐らく、がんになる前に死んでいたからなのだろう。

麻酔を開発した日本人医師華岡青洲《はなおかせいしゅう》が行った最初の手術は、乳がんの手術である。乳がんは放置しておくと皮膚を破るほど大きくなる。現在ではそこまで放っておく人はおらず、外見から乳がんとわかる人はいない。ところが、昔の乳がんといえば、岩のような腫瘍《しゅよう》が本当に外側まで出てきていた。それでもけっこう生きていた。

感染症は、外因性の病気だが、がんは自分の内側から来る病気であるため、長らくがんの原因はわからなかった。最近では、遺伝子に欠陥があることにより発症することがわかっているが、遺伝子が見つかったのは二〇世紀になってから、DNAの構造がわかったのは一九五〇年代であることを考えれば、長い間がんの原因がわからなかったのは、当然であろう。感染症ですら、細菌によって発病することがわかったのは、コッホなどが研究を始めた一九世紀になってからである。

昔は感染症が猛威をふるっており、とにかく感染症さえ治してしまえば人間は長生きができると思われていた。それが二〇世紀の半ばぐらいになると、今度はがんという、いわば「身内の反乱」のような病気で多くの人間は死ぬのだということになり、がんがクローズアップされる。最近は先進国では感染症で死ぬ人はあまりおらず、ほとんどががんか、その他の成人病で死ぬ。日本の場合なら、一番の死因はがんで、三人に一人はいずれがんで死ぬことになるという。

昔からある程度わかっていたことだが、がんになりやすい家系がある。もちろん、父親ががんで死んだから、その子供が必ずがんで死ぬというものではないが、がんになりやすい体質は遺伝する。

遺伝子の変異を誘発する変異体（X線や発がん物質）に晒《さら》されるとがんになりやすいことから、一九七〇年代の終わり頃には、がんは遺伝子の異常により起こる病気であることがほぼ明らかになってきた。今では、それは世界の常識となっている。そうであれば、がん体質が遺伝するのもうなずける。しかし、原因がわかったからといって治せるかどうかはまた別の問題である。遺伝子の異常で起こる病気なのだから、しばらくすれば遺伝子治療で治るようになるのだろうが、それはまだ先の話である。

がんの要因となる三つの遺伝子

発がんに関する遺伝子は、大別すると三つのタイプに分けることができる。最初は、いわゆる「がん遺伝子」である。

がん遺伝子になる前の遺伝子（つまりがん遺伝子の正常遺伝子）は「原がん遺伝子」と呼ばれ、原がん遺伝子自体はがんに無関係である。細胞は分裂しないと増殖できないことは周知のとおりだが、原がん遺伝子は、その細胞分裂に関与している遺伝子であり、分裂をスムースに進める役割を果たしている。

細胞分裂はある刺激が加わることで始まるが、がん遺伝子に変わってしまった遺伝子は、刺激が来ようと来まいと、いつでも分裂の命令を出し続けるようになる。ある刺激に合わせて分裂の命令を出すのが正常な原がん遺伝子だとすれば、がん遺伝子は刺激がなくても命令だけはただひたすら出してしまい、細胞がとめどなく分裂する事態に陥ってしまう。これこそががんの特徴である。がん遺伝子は原がん遺伝子に対して優性に機能することがわかっている。すなわち相同染色体（２ｎの生物は同型の染色体が二本ずつあり、これを相同染色体と呼ぶ）の片方の遺伝子が原がん遺伝子からがん遺伝子に変わると、原がん遺伝子はがん遺伝子の暴走を止めることができない。

ところで、がん遺伝子だけではがんにならない。もうひとつのカギは「がん抑制遺伝子」にある。

正常ながん抑制遺伝子の役割は、分裂サイクルを制御することにある。細胞には「細胞周期」があり、染色体を二倍にして分裂をし、しばらく止まってまた分裂をするというサイクルを繰り返している。発生途上の細胞と違って、成体になって分化した細胞は連続して分裂せずサイクルを止めているのが普通なのだ。しかし組織が傷付き、もう少し細胞を増やさなければならない事態が起こった場合は細胞分裂が起こる。細胞を分裂させるさせないはすべて遺伝子によって制御されている。分裂をさせない遺伝子は「がん抑制遺伝子」として機能することになる。この「がん抑制遺伝子」が壊れると（異常になると）細胞分裂を止めることができなくなり発がんしやすくなるが、そのためには、相同染色体の両方の遺伝子とも異常になる必要がある。片方が正常であれば、この遺伝子が細胞周期を止めるタンパク質を作るため、がんにはならない。

さらに、がんが発現する理由はもうひとつある。それは遺伝子を修復する「修復遺伝子」の働きに関係している。修復遺伝子が働いていると、原がん遺伝子やがん抑制遺伝子に変異が起きてもすぐに修復されてしまう。

原がん遺伝子ががん遺伝子になったり、がん抑制遺伝子が駄目になるといったことが起こるには、まず修復遺伝子が駄目にならなければならない。修復遺伝子が機能している限りは、遺伝子はすぐに修復されてしまうため、なかなかがんにならない。つまり、原がん遺伝子、がん抑制遺伝子、修復遺伝子の三つの遺伝子がすべて駄目になって、はじめてがんは発症するのである。

がん抑制遺伝子には、細胞周期を抑制する以外の機能をもつものもあり、中でも最も重要なものが「p53」というがん抑制遺伝子である。この遺伝子は、アポトーシス（プログラムされた死）を命令する遺伝子である。DNAが変異源によって損傷するとp53は細胞周期を一時止め、修復が不可能な場合はアポトーシスにより細胞を自殺させてしまう。細胞ががん化する前に殺してしまえばがんにならないから、怪しい細胞を殺すという行為は発がんの予防になっているのである。

秘密警察ではないが、怪しい異分子や危険分子はすべて殺してしまったほうがよいというわけだ。早目に排除しなければ、それがもとになって、何かとんでもないことが起こるかもしれない。修復不能な遺伝子をもつ細胞ががんになるかどうかはわからないにせよ、少しでも危険な細胞を殺してしまうのが、p53の役割なのである。

喫煙は肺がんの原因か

がんになりやすい人とがんになりにくい人はどこが違うのか。

たとえば、あるがんの発症に四つのがん関連遺伝子が関与しているとして、四つとも正常な人は、発がんするためにはすべてが駄目にならなければならないため、発がんしにくい。ところが、すでに三つとも駄目になっている人は、残り一個が異常になれば発がんするわけだから極めてがんになりやすい。生まれつきp53が異常な人はがんになりやすいことは確かである。

　同じようにタバコを吸っても、がんになる人もいればならない人もいるのは、ここに理由がある。我々は日常生活の中で、遺伝子に異常を起こさせるような、さまざまなバイアスを環境から受ける。がんの変異原として最も有名なのは、いわゆる発がん物質と放射線であるが、それらを浴びれば浴びるほど、ランダムに変異が起きやすいため、発がん遺伝子が活性化する可能性は高い。タバコの煙には発がん物質が含まれている。しかし、同じタバコを吸うにしても、あらかじめがん関連遺伝子にどれだけ異常があるかによって、発がんする確率は全く異なる。

　喫煙は肺がんの原因だといわれている。それは間違いではないが、タバコを吸ってもなかなかがんにならない人もいるのだ。目からヤニが出るほど吸っていても、長生きする人はいるし、タバコを吸わないのに、がんになってしまう人もいる。世界最長寿のギネスホルダーであるジャンヌ・カルマンは一一七歳までタバコを吸っていた。一二二歳で亡くなったが、肺がんで死んだわけではない。私見ではタバコよりも自動車の排気ガスの方が問題だと思うが。

がんになりやすいかなりにくいかは、あらかじめ決定されていると考えるべきだろう。両親ともがんで死んだという人は、気を付けたほうがいい。

乳がんには、乳がんになりやすい遺伝子が存在する。その遺伝子はある特定のユダヤ人の家系に非常にたくさんあることがわかっている。そういう家系からは多くの乳がん患者が出る。今ならがんになりやすいかどうかは、遺伝子診断をするとすぐわかるので、アメリカなどでは、場合によってはあらかじめ乳房を取ってしまう人もいる。しかし一〇〇パーセント発症するわけではなくがんにならない人もいる。だから乳房を取る決断をするかどうかはかなり悩ましい話である。

がんになりやすい人がいるのであれば、がんになりにくい人もいるわけだが、絶対にがんにならないという保証のある人はいない。両親ともがんで死なず、家系を見渡しても誰もがんで死んでいないとしても、変異原に晒され続ければがんになる確率は高くなるだろう。産業革命の頃のロンドンの煙突掃除人は陰嚢《いんのう》がんになりやすいことがわかっていた。一日にタバコを一〇〇本ずつ五〇年間吸っていたなら、生まれつき遺伝子に異常がない人でも肺がんになる確率は高くなるだろう。

がん治療の未来

現在、がんの治療に関しては、手術や抗がん剤投与や放射線治療などが一般的である。抗がん剤は、がん細胞が必ず分裂する点に着目し、分裂期の細胞を殺してしまう薬である。しかし、分裂している細胞はがん細胞だけではないため、同時に正常な細胞も殺してしまう。抗がん剤を投与された人の爪が黒くなってしまったり、髪の毛が抜けてしまったりするのはこのためである（爪も髪も細胞分裂により伸びている）。手術も放射線もがんの根本原因を取り除けるわけではない。

　根本的にがんを抑えるためには、がん細胞だけを殺すか、発がん遺伝子の機能を阻害するほかはない。このような取り組みは今いろいろと行われているが、ひとつの方法として、テロメラーゼに着目した研究がある。がんが分裂を繰り返しても死なないのは、テロメラーゼを合成してテロメアを伸ばすことができるからである（第一章第四節を参照）。もし、テロメラーゼの合成を阻害するような酵素をがん細胞に入れることができれば、がんはテロメラーゼを合成できないまま、テロメアも伸ばせずに五〇回分裂すれば自動的に死んでしまうはずである。

　もうひとつ、注目されている治療法がある。がん遺伝子も遺伝子である以上、タンパク質を作る。遺伝子は、まず「ｍＲＮＡ」という一本鎖《さ》のＲＮＡ（通常のＤＮＡは二本鎖である）を作り、ｍＲＮＡが作用してはじめてタンパク質ができる。がんの場合も、がん遺伝子によりがんに関係するタンパク質が作り出され、それが細胞分裂の周期に作用して、分裂周期を止まらなくさせているのだ。

　このシステムを阻害するため、ｍＲＮＡとくっ付いて二本鎖ＲＮＡになってしまう

RNA（これを「アンチセンスRNA」という）を作る。RNAの塩基はシトシン（C）とグアニン（G）、アデニン（A）とウラシル（U）が対応するため、たとえば、がんタンパク質を作るmRNAの配列がCGGCU……ならば、GCCGA……という配列のRNAを作ってmRNAとくっ付ける。すると、二本鎖のRNAができるが、私たちの体は、二本鎖のRNAをただちに破壊するという機能を備えているため、この二本鎖のRNAは破壊されてしまう。

何のために、生体はそのような機能を備えているのだろうか。外から入ってくるウイルスなどの物質は、二本鎖のRNAを持っているものが多く、二本鎖のRNAは、私たちにとってプラス面がないからなのだろう。この方法ならば、がん遺伝子がいくらmRNAを作っても、作るたびに次々と破壊されて、mRNAは機能せずがんにならない。実は、細胞はがんの発症を防ぐために、二一〜二五塩基長のアンチセンスRNAを作ることができ、これはmiRNA（マイクロRNA）と呼ばれる。がん細胞ではこのmiRNAが欠けているのだ。何らかの方法でmiRNAを発現させれば、がんは治るかもしれない。

さらに別な方法も研究されている。がんはがん抑制遺伝子のp53が駄目になることでも発現することは先に述べた。ならば、正常なp53の遺伝子を入れてやることにより、p53のタンパク質を作らせ、がん遺伝子を自殺させてしまえばよい。p5

3は異常な細胞だけを殺すから、理屈上では、抗がん剤のように他の正常な細胞にひどいダメージを与えずにすむ。

しかし、今述べたような方法は、実験室の試験管の中で行えばけっこううまくいくが、生身の人間ではなかなかうまくいかず、現在のところがんに関して有効な遺伝子治療の方法はほとんどない。

抗がん剤は、血液のがんでは比較的効果がある。いろいろな要因があるのだろうが、ひとつには、血液の細胞は他の細胞とはくっ付かずに遊離しているため、血液に抗がん剤を入れれば直接効き目が現れるからだ。実際、白血病や悪性リンパ腫《しゅ》のようながんは、抗がん剤が最も効果がある。これらのがんにかかると、昔はほとんどの人が死んでいたが、現在ではかなり治るようになってきている。しかし、胃がん、肺がん、肝臓がん、あるいは大腸がんなどの一般的ながんは抗がん剤では治らない。そのような硬い塊になっているがんは、手術で取ってしまうほかはないようである。

がんは自分を大きく成長させるために毛細血管を自らの中にはりめぐらせている。がんは血液から栄養分を摂《と》って生きているのである。あまりに大きくなって、中に栄養分が補給されなくなると、死んでしまう。

ならば、もしも血管を作る機能をうまく抑制する物質があれば、がんをあまり大きくせずに抑えることができるのではないか。

がんを切除すると、転移巣がある場合、転移先のがんがすぐに大きくなる場合がよくある。原発性の大きながん病巣が、転移先のがんに対して、血管をうまく形成させないようなシグナルを送っているためらしいのだ。その結果、転移先のがんは確かに存在するが、あまり大きくならずにいる。ところが、原発性のがんを取った途端、そのシグナルが消えるため、突然転移巣が大きくなってしまうといったことが起きる。

転移していない場合は、もちろん取ってしまうのが一番いい方法であり、相当大きながんでも切除してしまえばだいたいは治る。ところが、転移のある場合は、以上のような理由から手術をしても無駄なことも多いのである。

がんで恐いのは転移である。転移を防ぐにはどうしたらいいのか。たとえばがんが皮膚、腸の上皮にできたとする。すると、そのがん細胞が基底膜（上皮の下にある膜）を突き抜けて移動するためには、基底膜のコラーゲンなどを溶かす酵素が必要になる。もし、そういう酵素をブロックすることができれば転移は防げるし、転移さえ防ぐことができれば、がんは死病ではなくなる。

特効薬の光と影

免疫力を高めてがんを防ぐという方法も考えられている。血液中には「NK細胞」（ナチュラル・キラー細胞）という、がん細胞を見つけ次第殺す細胞がある。このNK

細胞は、若い時はたくさんあるのだが、四〇代ぐらいになると若い時の十分の一ほどに減少する。恐らくこれも発がんの頻度と関係している。免疫力を高めてNK細胞を増やせばがんを防げるかもしれない。

免疫療法の最新の話題は、免疫チェックポイント阻害剤だ。がんはNK細胞ばかりでなくキラーT細胞によっても殺される（次節で詳しく説明する）。もちろんT細胞が攻撃するのは、通常外部抗原だけであって、自己の細胞は攻撃しない。しかし時々間違いが起きて、自己の細胞を攻撃することがある。すると自己免疫病と呼ばれる厄介な病気になる。ところで、T細胞の表面には、T細胞の働きにブレーキをかけるタンパク分子が存在し、免疫チェックポイント分子と呼ばれる。恐らく、この分子は間違えて自己細胞を攻撃しないためのセキュリティ装置だと思われる。

二〇一八年度のノーベル生理学・医学賞は、この分子を発見した本庶佑《ほんじょたすく》とJ・P・アリソンに贈られた。本庶が発見した分子はPD-1、アリソンが発見した分子はCTLA-4である。がん細胞は非自己のがん抗原を細胞の表面に提示しているため、通常はT細胞に攻撃されて殺されると考えられる。しかし、T細胞の攻撃を免れて増殖するがん細胞は表面に特殊な分子を持っていて、この分子が免疫チェックポイントに結合すると、T細胞の活性化を強く抑制し、T細胞はがん細胞を攻撃しなくなるのではないかと考えられる。

したがって、がん細胞の表面に存在するこの分子と、T細胞表面の免疫チェックポイント分子の結合を妨げてやれば、T細胞の抑制が外れて、がん細胞を攻撃するに違いない。この仮説のもとに作られたのが免疫チェックポイント阻害剤である。PD-1を標的にしたものはニボルマブ（商品名オプジーボ）、CTLA-4を標的にしたものはイピリムマブ（商品名ヤーボイ）で、共にがんの新しい特効薬として期待されているわけである。

ただし難点は薬価が高いことで、標準的な用法で一年間投与すると、約一〇〇〇万円かかる。保険適用になっているがんでは、患者負担は一〇〇万ほどで済むが、保険適用外のがんではある程度のお金持ち以外は使えない。ちなみに保険適用されるがんは、現時点では、メラノーマ、非小細胞肺がん、腎細胞がん、ホジキンリンパ腫、胃がん、頭頸部《とうけいぶ》がん（咽頭《いんとう》がん、喉頭《こうとう》がんなど）、悪性胸膜中皮腫で、二割くらいの患者では著効を示すが、全く効かない患者も多い。効く患者もしばらくすると耐性ができて効かなくなってしまう例もある。

免疫のメカニズム（次節で述べる）は現代生物学の難問で、アレルギーでもがんでも個人差が大きく、まれに何も治療せずにメラノーマや膵臓《すいぞう》がんが消える人がいる反面、どんな免疫療法も無効ながんもある。がんとT細胞の攻防には、免疫チェックポイント以外にも様々なメカニズムが働いているのだろう。

先に述べたように、免疫チェックポイントは、T細胞の働きが過剰になって自己の細胞を攻撃することを抑えるための、分子メカニズムなのであろう。従って、免疫チェックポイント阻害剤を投与すると、体内の免疫環境次第では、自己免疫性の疾患を発症する確率が高くなると考えられる。重篤な副作用として報告されているものの多くは、自己免疫性の内分泌障害（1型糖尿病など）、自己免疫性腸炎、自己免疫性肝疾患、間質性肺炎といった、自己免疫性の疾患であるのはそのせいである。

がんの根治が難しいのは、がんは老化に伴う不可逆的な変化であるためだろう。そうはいっても、科学技術の進歩は日進月歩なので、将来さらに画期的ながんの治療法が開発されることを祈念したい。

二　複雑な免疫のしくみ

自己と非自己の見極め

免疫は読んで字のごとく疫《やま》いを免がれることだ。

広義の免疫は、多細胞生物一般にとって重要な機能で、非自己を排除するシステムである。複雑なシステムは外からいろいろなものが侵入してくれば、不調になってしまう。免疫は、その外から来た異物を、排除する機能なのである。

外から来た異物を排除する方法はいくつかあるが、最も重要なのは、「自分ではないもの」を見分けることである。つまり、免疫の働きの第一は、自分ではないものと自分とを見分け、自分は攻撃せずに自分ではないものを攻撃することにある。

見分け方にはいくつかあり、ひとつはとにかく自分というものの同一性をどこかで認知し、それ以外のものを無差別に攻撃するという手法である。私たちの体の中にある「マクロファージ」という大きな白血球や好中球《こうちゅうきゅう》という白血球がまさにこのタイプで、外から侵入してきた細胞に、とにかく食らい付いて潰《つぶ》してしまうのである。

マクロファージは、ゾウリムシのような他の細胞を食べる最も原始的な原生動物の性質をもっている。このことから、マクロファージは個体の同一性というよりも、恐らく種レベルぐらいの同一性を判断し、それ以外のものをすべて食べてしまうと考えられている。このやり方は無脊椎《むせきつい》動物の頃からの原始的な方法だと言えるだろう。

哺乳《ほにゅう》類にはマクロファージや好中球の他に、がん細胞やウイルスに感染した細胞を殺す「ＮＫ細胞」（ナチュラル・キラー細胞）がある。ＮＫ細胞は、自分と非常に近くかつ自分ではないものを見分けて攻撃する。個体レベルの同一性をどこかで判断し、それ以外のものを潰す作業をやっていると思われる。仮にがんになってもＮＫ細胞に攻撃されないとすると、そのがん細胞は、ＮＫ細胞にとっては、非自己と認識されていないのだ。

ところで、哺乳類には厳密に自己を決定する物質がある。「ＭＨＣ」抗原（主要組織適合複合体、Major Histocompatibility Complex）と呼ばれるタンパク質で、細胞表面に存在するＭＨＣはほぼ個体ごとに違っており、自己を定義している物質といえるだろう。

ヒトではこのＭＨＣの生成に関与している遺伝子が第六染色体の上に、六種類ある。六つの遺伝子の組み合わせは、個体によってほとんどすべて異なり、さらに突然変異がたくさん起こるので、個体ごとにそれぞれ違ったＭＨＣをもっている。

いいかえれば、個体がどのようなMHCをもっているかが、その個体を識別するための最も重要なマーカーあるいは個体番号のようなものになっているわけだ。人間ではMHCが同じ人は、赤の他人では滅多《めった》にいないといわれ、一致する例は、遺伝子組成が全く同じ一卵性双生児である場合が普通である。一卵性双生児に臓器を移植することに関して、ほとんど拒否反応が起きない理由はそこにある。

ちなみにMHCは、ヒトでは、「Human Leukocyte Antigen」（ヒト白血球抗原）、略して「HLA」と呼ばれている。ヒトの白血球上から発見されたのでそう呼ばれていたのであるが、今では白血球だけでなく、ヒトの細胞ならどこにでもHLAが存在することがわかっており、HLAという名称は、現在ではただの記号になっている。

ややこしい話なのだが、MHCは「クラスI分子」（クラスI抗原）と「クラスII分子」（クラスII抗原）という二つの分子に分けられる。クラスI分子はすべての細胞の表面に現れているが、クラスII分子はマクロファージやB細胞（抗体を産生する細胞、後述）などの限られた細胞表面にしか現れない。

外部からウイルスが侵入してきて細胞が感染したとする。すると、細胞内で増殖するウイルスのタンパク質の断片はMHCのクラスI分子に結合して細胞の表面に出てくる。これを抗原提示という。細胞が「自分はウイルスに感染したぞ」と知らせるわけである。

T細胞をめぐる衝撃的事実

ここで、先にがんの免疫療法の所で取りあげたキラーT細胞が登場する。キラーT細胞は、「CD8」という接着因子をもっており、これによりクラスI分子を認識するのだ。キラーT細胞は、細胞表面にウイルスに感染したぞという旗を立てている（抗原提示をしている）クラスI分子を見つけて、そこに飛んでいって細胞を殺してしまうのである。

ここでもまた非常にややこしい話がある。旗を目掛けて殺しに飛んで行けるキラーT細胞は、その旗に対応したキラーT細胞だけなのである。キラーT細胞は非自己を無差別に攻撃するのでなく、対応する非自己だけを攻撃する。免疫系の細胞と非自己抗原が一対一に対応して病気を免がれるシステムを狭義の免疫と呼ぶ。

T細胞の表面には、「TCR」（T細胞受容体）と呼ばれるタンパク質がある。これがT細胞ごとに違っているのだ。

普通遺伝子は、ひとつの遺伝子がひとつのタンパク質をコードしている。ところが、免疫系はT細胞を作る時、遺伝子を組み換えてそれぞれのT細胞ごとに異なったTCRを作るのである。TCRの種類は膨大なので、T細胞の種類もまた膨大となる。

MHCの上の旗を認識するのはT細胞と書いたが、厳密にはT細胞の表面のTCR

なのである。ＴＣＲの種類は膨大なのでどんな旗（抗原）とも対応するものがあるのだ。

しかし、ここにも大きな問題がある。人間の体内には外から侵入した旗（抗原）をＭＨＣにくっ付けて立てている細胞だけでなく、自分自身の旗（抗原）をＭＨＣにくっ付けて立てている正常な細胞が無数に存在する。ＴＣＲの種類は膨大なので、自分自身の旗（抗原）に対応するＴＣＲをもつキラーＴ細胞も当然存在し、それは正常な細胞を攻撃する。結果としては自分で自分を攻撃する事態になる。これでは、具合が悪い。

そこで何をするか。胸腺《きょうせん》で教育と称するＴ細胞の殺戮《さつりく》が行われるのである。具体的には、膨大な種類のＴ細胞をまず無差別に作っておいて、自分のＭＨＣと激しく反応するＴ細胞は、危険だからすべて殺す（そうすれば、そいつは体内に出回ることはない）。一方、自分のＭＨＣと全く反応しないＴ細胞も不用であるから殺してしまう。自分のＭＨＣを見分けることができなければ、その上の旗（抗原）も見分けられないということであり、そのＴ細胞は免疫の細胞としては役に立たないからである。

結果としてどういうＴ細胞が生き残るのか。外から来た抗原をくっ付けているＭＨＣと反応できるもののみが生き残るのである。これにより非自己を排除できるわけだ（殺されるＴ細胞は最初作られたうちの九六〜九七パーセントにもなる）。

一昔前には、免疫系がこのような仕組みになっているなどとは誰も思っていなかった。たとえば、設計事務所に行き「こういう家を建てたい」といえば、それに合わせたような設計図を描いてくれるのが常識であろう。免疫系もこれと同じく、当初は、外部抗原が来たらそれに合わせてその都度抗原を排除する細胞なり物質なりが作られると思われていた。

ところが実際は、はじめからすべての種類の抗原に対応する細胞をもっているのだという衝撃的な事実がわかったのである。先の例でいえば、注文を聞いてその場で作るのではなく、どんな客の注文にも応《こた》えられるような設計図をあらかじめすべて持っているのだ。

しかしながら、TCR生成の仕組みにはもうひとつ重要な問題がある。膨大な種類のTCRがあるとはいえ、それは無限にあるわけではなく、外からやって来る抗原の中には、対応するTCRをもたないものがあるかもしれない。その場合、その外部抗原は認識されず、つまり、T細胞系にとっては存在しないのと同じになってしまう。

自己免疫病

先にMHCのクラスI分子はすべての細胞表面に現れているが、クラスII分子はマクロファージやB細胞などの特殊な細胞表面にしか現れないと述べた。クラスII分子は何か特別な機能を持っているのだろうか。

B細胞という抗体を作る細胞がある。抗体は抗原に直接作用して抗原の働きをなくしてしまうタンパク質である。このB細胞もT細胞と同じように、とにかくたくさんの種類が無差別に作られることがわかっている。そしてその中には、自分自身を攻撃する抗体を作るものもある。しかも、T細胞は胸腺で教育される（殺される）が、B細胞は教育されない。すると、私たちの体の中には自分を攻撃するB細胞が存在することになり、それが後にいろいろと面倒臭い問題を引き起こす。

先の場合と同じく、外からウイルスが入ってきたとしよう。それに対応するB細胞はウイルスを断片にしてはクラスII分子に結合させて抗原提示を行う。するとその抗原に対応するキラーT細胞とは別のT細胞がやって来る。やってくるのは、ヘルパーT細胞である。ヘルパーT細胞はCD4と呼ばれる接着分子をもつ。クラスII分子はCD4と親和性が高く、ヘルパーT細胞（のTCR）はCD4の助けをかりてB細胞のクラスII分子を認識する。

ヘルパーT細胞はクラスII分子から刺激を受け取り、対応するB細胞に対して「どんどん分裂しろ」という命令を出す。同じ種類のB細胞を大量に作らないと、抗体をたくさん作ることができないからである。

ヘルパーT細胞は対応するB細胞に対して分裂の命令を出し、さらに、B細胞を抗体を作ることのできる成熟した細胞（これを「プラズマ細胞」という）へ変化させる命令を出す。すると、B細胞は次々と分裂して成熟し、抗原を攻撃するための抗体を作りはじめる。これにより、はじめて抗体と抗原の反応が起き、抗原が駆除されるのである。

一方、自分を攻撃するであろうB細胞（自己抗原を提示するB細胞）はどうしているのだろう。今述べたとおり、B細胞はT細胞からの刺激により活性化する。しかし、自己に対応するT細胞は先の理屈で胸腺により教育（抹殺）されているため、存在しない。つまり、自己を攻撃するようなB細胞は、それに対応するT細胞が存在しないので、抗体を作るプラズマ細胞に成熟できず、自己抗原に対する抗体は作られないのである。

ところが、年を取るにしたがって胸腺が縮み、T細胞の産生と教育がうまくできなくなってくる。年を取るとT細胞が桁違《けたちが》いに激減するのである。胸腺中のT細胞の数は、生まれたばかりの新生児を一とすれば、年を取った人はその一〇〇〇分の一から一万分の一になってしまう。その結果、免疫システムは徐々に機能不全に陥ってくる。

さらに、教育が行き届かない結果、自分自身を攻撃するようなT細胞が逃れ出てしまうことがある。それがキラーT細胞であれば、自己を直接攻撃し、ヘルパーT細胞であれば、自己を攻撃するB細胞に対して指令を出しはじめ、それにより自己を攻撃する抗体が産出されはじめる。これが自己免疫病のメカニズムである。「膠原病《こうげん》」「ベーチェット病」などが代表的なもので、これらの病気はなかなか治らない。先に述べた免疫チェックポイントは、T細胞が間違えて自己を攻撃しないためのセキュリティ装置であり、悪質ながん細胞はこれを利用して自己の細胞に擬態して攻撃を免がれていると考えられる。

HIVと免疫のイタチごっこ

ヘルパーT細胞からB細胞などに指令が出される際、指令はインターロイキンと呼ばれる物質により伝えられる。インターロイキンは何種類もあるが、インターロイキンによる指令が特定のT細胞からB細胞に伝わるのは文脈に依存しており、時に間違うことがある。特に免疫システムが老化してくると間違いが多くなる。老人になると聞き間違いや勘違いが多くなるのと同じである。

本来なら指令を出されていないB細胞が自分に出された指令と勘違いして抗体を作るような事態も生じる。もしも、それが自分を攻撃するB細胞ならば大変なことになるであろう。

このように、免疫系の老化とは、端的にいえば、T細胞が胸腺でうまく教育できなくなってやくざなT細胞が増えたり、あるいはT細胞自身も少なくなるということである。その結果、次第に自己と他者とを分けるシステムが混乱してくる。免疫系は、すべてが完璧《かんぺき》とはいえないあいまいさを持つシステムなので、加齢とともに徐々にいい加減になってくるのだ。最終的には自分を攻撃するシステムが作動したり、外部からきた異物を攻撃できなくなったり、あるいは攻撃しても、いつまでも炎症を抑えられなくなったりする。

ヘンな話だが、外部から侵入した生物が体内でうまく生き延びるためには、免疫を逃れることが必要不可欠である。たとえば日本住血吸虫という寄生虫は、ホスト（寄主）のＭＨＣを見分け、そのＭＨＣを自分の体の表面にくっ付けてしまう。すると、ホストの免疫系は、日本住血吸虫を自己と判断するので攻撃をしない。いうなれば、擬態である。

免疫系からの攻撃を逃れるウイルスとしてよく知られているのはエイズウイルスである。

エイズは、基本的には治らない病気である。しかし最近は、治療薬が開発され、感染していることがわかっても、長期間生存できるようになってきている。

エイズ患者が出はじめたのは、一九七〇年代の終わり頃である。最初は、男性の同性愛者だけの病気だと聞かされ、その理由がよくわからずにとにかく驚いた記憶がある。しかし今では、普通の性感染症だということが明らかになっている。

なぜエイズは普通の病気と違うのか。普通の感染症は、かかると免疫が働いて抗体ができ、最後は抗体と病原体の戦いとなって、治ることもあれば死ぬこともある。ところがエイズの場合は、治療をしないでいるとエイズウイルスが免疫系に関係している細胞の中に入り込み、その細胞をすべて殺してしまう。つまり、免疫が働かなくなってしまうのである。最後はいわゆる「日和見感染」と呼ばれる、免疫が働かなくなった場合にかかるさまざまな病気になって死んでしまうことが多い。

免疫が働かなくなると、健康ならば何でもないような細菌に感染して肺炎になったり、あるいはカビなどが体内に入り込んできても排除できなくなる。エイズ患者の多くは、「カリニ肺炎」という肺炎になったり、「カポジ肉腫《にくしゅ》」という肉腫ができたりするが、これは免疫力の衰えと関係している。

エイズウイルスは正式には「Human（ヒト）Immunodeficiency（免疫不全）Virus（ウイルス）」、略して「HIV」と呼ばれている。エイズウイルスは、表面に「gp120」というタンパク質（分子）を持っており、このタンパク質は、表面に「CD4」というタンパク質をもっている細胞にくっ付いて、エイズウイルスはここから中に侵入する。CD4を持っていない細胞には入れない。人間の場合、CD4を最もたくさん持っている細胞は、「ヘルパーT細胞」である。

ヘルパーT細胞以外にも神経細胞などは、CD4をわずかに持っているので、エイズウイルスが侵入することができる。エイズになると最後に認知症になることがあるが、そういう人は脳が直接エイズウイルスに侵されるのである。

エイズ発症のメカニズムを簡単に説明してみよう。まずエイズウイルスは「レトロウイルス」である。レトロウイルスは「逆転写酵素」をもっているRNAウイルスで、細胞の中に入ると、自分のRNAの遺伝子情報を、逆転写酵素を使って寄主のDNAに組み込んでしまう。たとえばヒトのヘルパーT細胞のDNA中に組み込んでしまう。ヘルパーT細胞が分裂して、増殖していけば、エイズウイルスの情報をもつDNAも随伴して増殖していく。さらに、ヘルパーT細胞がDNAからRNAさらにはタンパク質を作ろうとすると、そのメカニズムに合わせてエイズウイルスが作られてしまうのだ。本体のRNAの遺伝情報だけでなく、エイズウイルスを作るのに必要なタンパク質までヘルパーT細胞に作ってもらい、最後はヘルパーT細胞の膜を破ってバラバラ飛び出してくる。ホストを殺して飛び出してきたエイズウイルスは新たなヘルパーT細胞にくっ付いて同じことを繰り返して、芋づる式にエイズウイルスが増える。

エイズウイルスも外部抗原であるから、当然免疫系が作動して、NK細胞に攻撃されたり、しばらくすると対応する抗体が作られたりして、壊れていくと考えられる。しかし、免疫系が抗原を認知してから抗体を作るまでには、時間が多少かかるので、その間にエイズウイルスは突然変異を起こし、変貌《へんぼう》してしまうことが多いのである。

エイズウイルスは逆転写酵素を持っていて自身の遺伝子であるRNAの情報をDNAに変換して（逆転写して）ヘルパーT細胞のゲノム（DNA配列）に組み入れる話はすでにした。この変換では間違いが沢山起こり、エイズウイルスは間違いを直す酵素（校正酵素と呼ばれる）を持っていないので、ヘルパーT細胞のゲノムに組み込まれたDNAから新たに作られるエイズウイルスは元のものとは異なってしまい、この新しいエイズウイルスに対しては先に作られた抗体は無効なのだ。もちろん、次には新しいウイルスに対応する抗体を作るわけだが、その抗体ができるころにはエイズウイルスはさらに変貌してしまい、このイタチごっこの果てに、ヘルパーT細胞はどんどん死滅していき、ついには免疫機構が崩壊してエイズが発症するのである。

アレルギーと免疫系

昔はあまり聞かなかったが、最近では、花粉症などのアレルギーが社会問題になっている。実は、アレルギーも免疫に関係しており、専門的になるが、一般的によく作られる抗体は「IgG」（イムノグロブリンG）といい、アレルギーを起こす抗体は「IgE」という。

アレルギーを起こす抗体は、もともとは寄生虫に対抗するためにあるらしい。寄生虫がたくさんいたうちはいいが、公衆衛生のインフラが整備されるようになって、寄生虫はほとんどいなくなった。それでもＩｇＥを作るメカニズムは残っている。それがまず最大の問題なのである。

もうひとつの問題は次のようなことだ。昔は幼い時に感染症にかかることが多かった（たとえば、子供が青《あお》っ洟《ぱな》を垂らしているのもそうである）。感染症の場合、大抵はＩｇＧが作られるが、ＩｇＧを懸命に作っていると、ＩｇＥを作る暇がない。当然、ＩｇＥがうまく働かないため、花粉ごときものにいちいちアレルギーを起こす余裕がない。ところが、現代人は清潔になり、青っ洟を垂らしている子供などいない。そこで、ちょっとした花粉などが来ても過剰に反応して、それに対する抗体（ＩｇＥ）をたくさん作ってしまう。これが花粉症である。

寄生虫に感染されると、そちらのほうで忙しくなり、アレルギーは起こりにくくなるという。アレルギーにならないためには多少の寄生虫はいたほうがよいらしい。実際、寄生虫博士の異名をとる東京医科歯科大学の藤田紘一郎《ふじたこういちろう》（現・名誉教授）のように、自分で寄生虫を呑《の》みこみ、体内で〝飼って〟その効果をためしていた人もいる。

アレルギーには不思議な現象があり、抗原がなくとも神経系からの刺激により、アレルギーと同じ症状を引き起こすことがある。たとえば、清浄な空気が流れる部屋に花粉症の人を入れて、「今から花粉をいっぱい流します」と呼びかけると、花粉症の症状を引き起こす。

なぜだろうか。花粉症のつらさを自覚しているので、思わずそれを思い出してしまい、神経を介して別経路でＩｇＥが分泌されてしまうのである。実際にＩｇＥが分泌されるので、本当にアレルギー反応を起こしているのだ。しかし、それは抗原に対して反応しているわけではない。何かが苦手であることを、「○○アレルギー」と比喩《ひゆ》的に表現することがあるが、それはまさに本当なのである。

アレルギーで一番の難問は、アレルギーは個人差が大きく、さらに同じ個人でも成長あるいは老化に伴い、今まで悩まされていたアレルギーが治ったり、新しく発症したりする本当の理由がよく分からないことだ。何に対してアレルギーがあるかはあらかじめ分からないので、新しい食べ物に挑戦する時には、その後でよく体の様子を注意しておく必要がある。

三　病気と遺伝

ハンチントン舞踏病

人間の病気は、昔は感染症が主であった。しかし最近は、感染症が減少したため、がんのような遺伝子の異常で起こるものも含めれば、病気の半分は広義の遺伝病だといえないこともない。ただ、がんの場合は、発病しやすさは遺伝するにしても、一〇〇パーセントがんになるわけではない。それに対し、特定の遺伝子をもっていれば必ず発病する本当の遺伝病もある。

そういった遺伝病の中で最も有名なもののひとつは、「ハンチントン舞踏病」である。これは優性の遺伝病で、第四染色体の相同染色体の片方にハンチントン舞踏病の遺伝子があると、対立遺伝子は正常でも必ず病気になる。ハンチントン舞踏病の遺伝子は、あるＤＮＡの反復配列（ＣＡＧ）の繰り返しが正常より長くなっており、これが長ければ長いほど発症する年齢が早いらしい。

両親のどちらかがハンチントン舞踏病になっていれば二分の一の確率で、両親ともなっていれば四分の三の確率で遺伝する。遺伝子診断をすればシロかクロかはっきりするが、クロとわかったところで予防法がないので診断を受けない人の方が多いという。

自分は絶対にハンチントン舞踏病になると思った男性が、どうせ死ぬのだからと、結婚もせず借金をしまくって遊んでいた。ところが四〇歳になっても五〇歳になっても発病しないので、念のため調べたら陰性だったという、喜劇か悲劇かわからないような話もある。

現在のところ、ハンチントン舞踏病のような単一の遺伝子で病気になる単純な遺伝病は、およそ調べがついており、一〇〇〇以上が判明している。遺伝子たちの複雑な相互作用によって発症するものもあるので、簡単にはいかないが、将来は、DNAを調べることによって、どんな病気になるかある程度予知することが可能になるだろう。

ところで、ハンチントン舞踏病は優性の遺伝病だが、普通の遺伝病は劣性のことが多い。すなわち相同染色体上の対立遺伝子が共に異常にならないと発病しない。対立遺伝子のどちらかが正常な時は病気にならないのだ。

優性と劣性では病気になる確率がまるで違う。たとえば、集団の中の一パーセントに病気の遺伝子があり、九九パーセントが正常な遺伝子だったとする。この場合、優性の遺伝病だと実際に病気になる人は集団の一パーセントである。ところが劣性の遺伝病だと、一パーセント×一パーセント（〇・〇一×〇・〇一）で、一万人に一人という割合でしか病気にならない。対立遺伝子が同じ場合をホモ、異なる場合をヘテロと呼ぶが、病気の遺伝子がホモになる確率は、ランダムに交配している限り極めて低い。だから、劣性の遺伝病の遺伝子が少々あっても、実際に病気になる人は意外に少ない。病気になった人は、ある意味では組み合わせの不幸だったともいえる。

もしも遺伝子診断の結果、劣性の遺伝病の遺伝子をヘテロで持っていることがわかれば、同じ病気の遺伝子を持っている人と結婚しなければそれが重なることはない。ホモにさえならなければ、ハンチントン舞踏病のような優性の遺伝病以外、発病はしない。

近親交配が危険だと言われるのは、ここに理由がある。近親は遺伝子組成が似ているために、両親とも遺伝子がヘテロだったとしても近親交配でホモになってしまい、劣性の遺伝病が発病してしまう場合がある。

しかし逆に、才能にも遺伝がある程度関係していることは確かだから、血が濃いほうが才能が豊かになるということもあるかもしれない。進化論のダーウィン家と陶磁器で有名なウェッジウッド家は、従兄弟《いとこ》同士で何組も結婚している。ダーウィンの妻はウェッジウッド二世の娘だが、ダーウィンの父親もウェッジウッド一世の娘を妻にしている。また、ダーウィンの姉もウェッジウッド三世に嫁いでいる。ウェッジウッド家とダーウィン家は、近親同士がクロスしている関係にあった。ところが、あまり悪い遺伝病になったという話は聞かない。ダーウィンには成人した男子が五人いたが、彼らはみな銀行家、科学者あるいは技術者として成功している。このことから考えると、近親交配が悪いとは必ずしもいえないのかもしれない。ただ、遺伝病のことを考えると、あまりよくないようである。

哺乳類《ほにゅう》に関しては近親交配は悪い結果をもたらすことが普通だが、昆虫では必ずしもそうならない種もある。最近クワガタムシの飼育を趣味にしている人が多いが、近親交配で累代飼育をしても、悪影響が出ないことの方が多く、悪い遺伝子が元々ない場合は問題がないのであろう。一方、シロモンヤガという蛾を実験室で近親交配させて飼育すると、すぐに悪影響が出て、わずか五世代で子孫を残せなくなったという報告もある。近親交配の悪影響が出るかどうかはケース・バイ・ケースなのであろう。

注目されるSNPs

今は遺伝子の仕組みがかなり解明され、がんや糖尿病をはじめとするさまざまな病気が遺伝と関係していることがわかっている。単一遺伝子で発症する病気はおよそわかってきたが、複数の遺伝子が互いに相関することによって発症する病気もあり、その組み合わせは膨大すぎていまだヤブの中である。

また遺伝子以外にも体質や病気のなりやすさなどに関係しているものとして、最近注目されているのはＳＮＰｓである（Single Nucleotide Polymorphism 単一塩基多型「スニップス」と発音される）。人間同士の塩基配列は九九・九パーセント同じなのだが、同じように並んでいるＤＮＡの塩基配列のうち、個々人によって所々にひとつだけ塩基の種類が違うところがある。集団中に通常一パーセント以上の頻度で同じ場所に二種類以上の塩基が存在すれば、それをＳＮＰｓという。現在見つかっているＳＮＰｓは、一四〇万以上ある。個人間の遺伝子の差異の大半はＳＮＰｓで決まるのではないかといわれている。

体質やちょっとした形の違いなどがＳＮＰｓの組み合わせである程度決まるとなれば、何かの才能に恵まれているということも、ＳＮＰｓの組み合わせで決まっているのではないかと思われる。ＳＮＰｓの組み合わせの解析が進めば、どんな病気になりやすいかもわかるかもしれない。しかし、わかったからといって、その人が幸福になるかどうかはまた別である。

「アシュケナージ」系と呼ばれるユダヤ人では、乳がんの頻度が高いが、それは彼（彼女）らが「ＢＲＣＡ」という乳がん遺伝子の異常を非常にたくさん持っているからである（厳密にはＢＲＣＡ－１とＢＲＣＡ－２という二つの遺伝子がある）。同じことはアイスランド人のある家系についてもいえる。

最初の少数の祖先の誰かがきっとその遺伝子を持っていたのだろう。乳がんは子供を産んでから発症することが多く、乳がん遺伝子は自然選択により淘汰《とうた》されなかったと考えられる。

アシュケナージ系のユダヤ人は、「テイ・サックス病」という劣性の遺伝病の遺伝子もかなりの確率で持っている（これは発症すると子供のうちにほとんど死ぬ）。この遺伝子をヘテロで保有している人は結核に強かったため、結核の多いところでは、有利だったのではないかと考えられている。

病気と自然選択

また別の話になるが、マラリアの多いところでは、「鎌状赤血球貧血症」の遺伝子を持つ人がかなり多い。この遺伝子がホモになると、大抵は重度の貧血で死んでしまう。しかしヘテロになると、マラリアに対して強力な耐性を持つ。つまり、マラリアが流行《はや》れば流行るほど、その遺伝子は有利になるのである。

マラリアが大流行している場所では、その遺伝子はなかなかなくならない。今でも鎌状赤血球貧血症が多い場所は、アフリカなどのマラリアが最も流行っているところである。このように、遺伝子は、それが病気に関係している遺伝子だとしても、別の病気を防いでいるという複雑な関係になっている場合がある。鎌状赤血球貧血症なら、マラリアがないところでは、その遺伝子は貧血を起こして不利になるが、マラリアがあるところでは、マラリアにならずに有利になる。ホモになると病気になるが、ヘテロの場合は生き延びる可能性が高く、健康な人とたいして変わらないために、この遺伝子はなくならない。

いうなれば、これは自然選択である。自然選択の結果、ある遺伝子が、病気になるよりも病気を防ぐほうに有利に傾けば、その遺伝子は増えていく。現在、「セラセミア（地中海貧血）」という鎌状赤血球貧血症とは別のマラリアに対抗する遺伝子を持っている人がイタリア南部やキプロス島に大勢いる。この遺伝子がホモの人は重度の、ヘテロの人でも軽度の貧血になる。地中海の周りに、今はもうマラリアはない。にもかかわらずその遺伝子を持っている人が大勢いるのは、昔そこでは、自然選択の結果セラセミアが非常に有利だったことの後遺症なのである。

自然選択と病気は非常に密接に関係しており、接触感染する病気の多くは軽くなるように進化する。なぜなら、病原体にとってみれば、感染したあとにすぐ病人を殺してしまうような事態は、自分も死んでしまうから不利になる。病人を長く生き延びさせて、その人が別の人に感染させてくれないと、病原体は生き延びられないのだ。この観点からは感染症は徐々に軽くなると思われる。しかし、接触感染ではなく、たとえば蚊によって伝播《でんぱ》される感染症は、病人は動けなくとも、蚊さえ元気ならば、病人の体内で病原体がどんどん増殖した方が病原体にとっては有利になるため、病気は軽くなる方向には進化しないと思われる。このように病気の存在様式は自然選択と密接に関係しており、遺伝病も例外ではないのである。しかし、それは現実に遺伝病で苦しんでいる人にとっては何の気休めにもならないが。

遺伝子診断の是非

最後に、病気と遺伝の問題で重要なことがある。それは、遺伝子診断によってどんな病気になるかがわかるようになったとして、その人のプライバシーをどのように保護するのかという問題である。たとえば乳がん遺伝子を持っていることがわかれば結婚で差別されるだろう。

また、その人が早く死ぬ確率が高いということがわかった場合、生命保険に入れないという事態が起きるだろう。生命保険会社が遺伝子診断のデータを使うことができるようになれば、早死にしそうな人にとっては非常に不利である。

車のドライバーなら、自分の努力で事故を起こさないようにさえすれば、保険料を下げることもできるだろう。これは納得できる。しかし、生まれつきあなたは危険だから（保険料を高くします）と言われても、本人としてはなかなか納得できない話である。

保険会社としては、リスクが大きい人と低い人の保険料が同じなのは、ビジネス上は不利となる。もしもライバル社が、すべて一律ではなく健康な人は安くする戦略をとり、客をそちらに取られてしまえば、対抗上同じことをせざるを得ない。リスクがあらかじめわかれば、どうしてもリスクの高い人の保険料を上げざるを得ない。プライバシーにかかわる情報の保持・利用をどこまで許すかという問題は難問だ。

もっと科学が進歩したなら、病気の遺伝子をすべて入れ替え、あらゆる人を健康に生まれさせることができるようになるかもしれない。しかし、今度は多様性がどんどん減っていく。それでいいというのならかまわないが、世界も人間も面白くなくなってくるかもしれない。このあたりは、詳しくは私と金森修《かなもりおさむ》との共著『遺伝子改造社会あなたはどうする』（洋泉社新書）を参照されたい。

みな同じような顔で誰が誰だかよくわからない。頭のレベルも背の高さも同じ。みなひたすら長生きする人ばかりが暮らしている社会……。

これはこれで悩ましい問題ではある。

四　未来の医療はどうなるか？

再生医療のゆくえ

従来の病気の治療は、侵入してきた病原体や体内に生じた腫瘍《しゅよう》を除去したり、異常になった恒常性を正常に戻したりといった、病気の原因を取り除くことに主眼が置かれていた。しかし最近になって、再生医療やゲノム編集という技術により、人体を元に戻すのではなく、改造して病気に立ち向かう医療が現れた。

まず、再生医療について述べてみよう。脳神経細胞や心筋細胞のように基本的に再生しない細胞で出来ている臓器は、損傷すると修復が不可能で、悪いところを取るという治療法では治らない。これ以上悪くならないように現状を維持するのが普通のケアである。あるいは、がんやその他の原因で機能不全を起こした臓器を元に戻すのも不可能である。積極的に治療するには機能不全を起こした臓器に代わるものを導入する必要がある。そこで、臓器移植あるいは異種移植あるいは人工臓器といった代替の臓器を使って治療することが、試みられているが、様々な難点があって、まだポピュラーな治療法というわけにはいかない。

脳死者から、また場合によっては生きている人から臓器を貰《もら》って移植する方法は、試行段階では拒否反応がきつくて、概《おおむ》ね不調に終わったが、良く効く免疫抑制剤のおかげで、生存率が大幅に改良された。とはいえ、臓器不足は常態で、必要になったらいつでも移植を受けられるという状態には程遠い。これは消費資本主義社会の医療としては致命的な欠陥である。

移植用のミニブタを作って、人間に移植する方法、すなわち異種移植も開発途上であるが、拒否反応を克服することが大きな課題として実用化を阻んでいる。遺伝子を改変して免疫システムを人間に近づけ、拒否反応が少ないミニブタの開発も進んでいるので、将来は有望な治療法になるかもしれない。

人工臓器は初期の段階ではプラスチックや金属やシリコンなどを材料にして作っていたが、一時しのぎの治療には役に立っても、体に埋め込む本格的なものにすることは難しかったようだ。それは、これらの材料は生きていないので、生きている細胞と同じようなオートポイエティックな反応を期待できないからだ。そこで、人工的に幹細胞を作ってそこから臓器を作る方法が模索されている。

幹細胞とは何か。二つに分裂して二つの幹細胞になるか、あるいは一つは幹細胞のまま、もう一つが分化した細胞になっていく細胞のことである。受精卵は分裂してすべての臓器に分化していくことができるので、万能細胞と言えるが、幹細胞ではない。なぜならば、受精卵は分裂して受精卵を作れず、不可避的に発生して生体になっていくからだ。万能細胞は幹細胞にならない限り、再生医療には使えない。作ったとたんに勝手に分化していってしまうからだ。

再生医療に使うためには、幹細胞のまま保存出来て、必要な時に分化させることができる万能幹細胞でないといけないのだ。我々の体の中には、体性幹細胞と言われる何種もの幹細胞があるが、これは万能ではなくて決まった細胞に分化する幹細胞である。例えば皮膚幹細胞は分裂して皮膚の細胞になることもできるし、幹細胞のまま止《とど》まることもできる。皮膚が傷ついたり老化したりすると、皮膚幹細胞が分裂して新しい皮膚を作る。ヒトの体性幹細胞は五〇回分裂すると、寿命が尽きるので、皮膚を繰り返しリニューアルすると、皮膚幹細胞の寿命が短くなって、死んでゆく幹細胞も現れて、皮膚の再生能力は落ちてくる。皮膚の老化の原因である。

人工的に幹細胞を作って、ここから新しい細胞、組織、臓器を作れれば、体を再生させることができ、多くの病気を克服することができるかもしれない。こういう理念の下で、最初に作られたのはＥＳ細胞（胚性《はいせい》幹細胞　Embryonic Stem Cell）である。受精卵が胚盤胞《はいばんほう》という段階に進んだところで、胚の一部の内部細胞塊から作る万能の幹細胞である。どんな組織にも分化する能力を持つが、正常に育てばヒトになる生きた胚を使うため、倫理的な問題を克服することが出来ない、という致命的な難点があった。

そこで現れたのがｉＰＳ細胞（人工多能性幹細胞　Induced Pluripotent Stem Cell）である。ｉＰＳ細胞はすでに分化した体細胞を人工的に幹細胞の状態に戻し、ここから様々な臓器を作る可能性を開いた画期的な技術である。胚を殺すわけではないので、倫理的な問題は少ない。ｉＰＳ細胞を開発した山中伸弥《やまなかしんや》は、この業績でノーベル賞を与えられた。山中はまずＥＳ細胞に働く遺伝子を絞り込み、そのうちの四つの遺伝子を線維芽《せんいが》細胞（上皮組織、筋組織などを結び付ける結合組織を構成する細胞）に導入し、線維芽細胞からｉＰＳ細胞を作ることに成功した。ｉＰＳ細胞は体性幹細胞と異なり、様々な組織に分化する能力を持つ未分化な細胞で、従来は哺乳《ほにゅう》類では、分化した細胞は未分化な細胞に戻らないと考えられていたので、世界中の学者がびっくりしたのである。

ｉＰＳ細胞による治療はまだ実験段階だが、パーキンソン病、加齢黄斑《おうはん》変性といった難治性の病気を対象に、治験が開始されているので、朗報を待ちたい。ついでに世間を騒がせたＳＴＡＰ細胞についても少しふれておこう。ＳＴＡＰ細胞は、分化した細胞を特殊な環境に曝《さら》すだけで、未分化な多能性細胞に戻すことができるという触れ込みで、華々しくデビューしたが、結局、誰も追試に成功せず、捏造《ねつぞう》との烙印《らくいん》を押されて終わってしまった。ヒドラなどの極めて原始的な動物では、分化した細胞も環境いかんによっては未分化な細胞に変わりうるので、原理的には、まったく荒唐無稽《むけい》な話ではないと思う。

遺伝子治療とＡＩの未来

次に遺伝子治療の話をしよう。遺伝子治療は少し前には次世代の治療法として脚光を浴びていたが、異常遺伝子を除去できない、正常遺伝子を組み込む場所を指定できない、あるいは組み込まれても機能しない、ベクター（遺伝子の運び屋）として使うウイルスが免疫系に攻撃される、といった不都合を克服するのが大変で、幹細胞を用いた治療に先を越されている状況である。

近年、遺伝子編集技術が進歩して、異常遺伝子を除去したり、正常遺伝子をゲノムの的確な場所にピンポイントで挿入したりすることができるようになり、遺伝子治療は新局面を迎えた。ここで、ゲノム編集の概略を述べておきたい。ここでは一番一般的なクリスパー／キャスナイン（CRISPR/Cas9）システムについて説明する。これは細菌がウイルスの侵入を防ぐために持っている免疫システムを利用して開発された技術である。

ＣＲＩＳＰＲ（Clustered Regularly Interspaced Short Palindromic Repeats）とは細菌

のDNAにみられる反復配列のことで、Cas（CRISPR-associated）はCRISPRの近傍に位置する遺伝子群のことである。Cas（Cas9はその一種）は外から侵入してきたウイルスのDNAを切断する機能を持っている。切断されたウイルスのDNA断片はCRISPR領域に取り込まれ、侵入してきたウイルスのリストとして記録される。このリストはガイドRNAという特殊なRNAに転写され、同じウイルスがやってくると、ガイドRNAが見つけ出し、Cas遺伝子が作り出すCasタンパク質で切断される。細菌が以前侵入してきたウイルスを素早く見つけ出し、殺してしまう免疫システムなのだ。

このシステムを利用して遺伝子の改変をどのように行うかというと、まず、改変したい場所のゲノムの塩基配列を記したガイドRNAとCas9タンパク質を結合させ、標的となる細胞に導入して、目的のDNA配列を切断する。その後で、相同組み換え修復という経路を使って、新規の遺伝子を切断箇所に導入することもできる。この技術を使ってゲノムの任意の場所の遺伝子を壊したり、別の遺伝子を導入したりできるようになった。

ただ、ゲノムの中には似たような塩基配列を持つDNAも多く、時に思わぬ箇所がターゲットになることがあり（オフターゲット効果）、これはがんを引き起こすなど好ましくない結果をもたらすことが多い。ゲノム編集技術は病気の治療ばかりでなく、将来はデザイナーベビーの作成といったことにも使われる可能性が高く、その利用にあたっては社会的な合意が必要になるだろう。

最後にＡＩ（人工知能 Artificial Intelligence）の急激な発達が医療にもたらす影響について私見を述べたい。現在、医師の重要な役割は病気を的確に診断することである。誤診をされて的確な治療を施されなければ、治るものも治らない。ＡＩはビッグデータの統計処理は得意とするところなので、病気の診断は生身の医師よりも正しくかつ迅速に行えるようになるに違いない。どんな薬を処方するかについてもなまじの医師よりも的確な判断が下せるだろう。ということはＡＩがポピュラーになれば、内科医はＡＩを動かすくらいしかやることがなくなる。

外科医についても同じことが言え、ＡＩの方がミスが少なく手術ができるようになるだろう。現在はＡＩはあくまで、医師の補助という位置づけだが、いずれ、内科医も外科医も薬剤師も廃業ということになると思う。最近、手術ロボットのトップシェアを占めるアメリカのインテュイティブサージカル社の「ダ・ヴィンチ」の大部分の特許が二〇一九年に切れるので、手術ロボットの開発競争はシビアになるとのニュースが伝わってきた。医師を雇うより医療ロボットの方が安上がりということになれば、大病院の医師離れは一気に進むだろう。

医師会をはじめ利権団体は必死の抵抗を試みるだろうが、あと五〇年も経たないうちに医療現場は全く変わったものになると思う。日本の現在の高校生で一番偏差値の高い生徒の最も人気の進学先は医学部だが、将来のことを考えるとあまり賢い選択とは言えないと思う。

あとがき

二〇〇一年に『新しい生物学の教科書』(新潮社)、二〇〇二年に『生命の形式——同一性と時間』(哲学書房)を出版して、少し肩の荷が下りたような気分になっていたのだが、生物学にあまりなじみのない人には、両方ともやっぱりちょっと難解かもしれない。ということで、二つの本の長所をミックスして、おもいっきり易しくした本を作ろうということになった。

生物はすべていい加減でしかもしたたかである。厳密にルールに従っていると、環境が激変して、ルールが環境に整合的でなくなれば滅んでしまう。多くの生物は適当にルールを変えることにより、環境が変化しても何とか生き延びることができるようである。それが生命という、しなやかでしぶとくあいまいでその場限りのシステムの特徴である。

そう書くと、何だか自分自身のことに言及しているようで、不思議な気分である。多くの人は今でも、厳格にルールに従うこと、明示的であること、一貫性があること等々をプラスの価値だと思っているらしい。しかし、そういうことでは、すぐに破綻《はたん》してしまう、と私は思う。

厳格にはルールに従わないこと、明示的でないこと、一貫性がないこと等々こそ、生き延びるためのプラスの価値なのである。それは生命の歴史が証明している、と私は思う。そう書くと、ルールに従わず意味不明でデタラメだったら、すぐに滅んでしまうだろうに、と反論されそうだ。そこで、もう少し付け加えると、ルールに従っているフリをすること、明示的なフリをすること、一貫性があるフリをすること、これが大事である。

本書を読んで、生物の基本原理を理解すると共に、生物のそういうしたたかさをも学んで頂ければ、と思う。この本を読了されたら是非、前掲の二つの本も読んで頂ければ有難い。そうすれば、あなたも生物学の講義のひとつや二つできるようになること請け合いである。

本書の制作にあたっては、角川書店の大林哲也、松永真哉のお二人のお世話になった。記して深謝の意を表したい。

二〇〇三年八月

池田清彦

文庫版あとがき

本書の原本が出版されたのは二〇〇三年の九月であるから、何と一五年以上の歳月が流れた。生物学は日進月歩で一五年以上前の本が文庫化されるのは稀有のことかもしれないが、第一章（生命についての素朴な疑問）と第二章（生物の仕組み）の原理的な話に関しては、変更する必要を感じなかった。この一五年を通して「生命とは何か」という根本問題については、さしたる進歩はなかったということだ。

その一方で個別の研究の進歩はすさまじく、次々に新しい事実が発見されたり、新しい手法が開発されたりした。特に現生人類の進化史と、分子生物学の進展は顕著であり、本書もその点については大幅な改訂を施して、新しい知見を盛り込んである。

個人的に一番びっくりしたのは現生人類（ホモ・サピエンス）のDNAにネアンデルタール人やデニソワ人のDNAが混入していたという発見である。人類は結構見境なく交雑して、近縁の人類と遺伝子を交換し、結果的に生き延びてきたのである。一〇万年前から波状的にユーラシア大陸に進出した現代人のすべての人に、ネアンデルタール人の遺伝子が入っており、完璧《かんぺき》に純血を守ったホモ・サピエンスは、アフリカに残った人たちを除いては、絶滅したという事実は衝撃的である。

そのことに思い至れば、外来種と在来種の交雑を遺伝子汚染と称して忌避している、外来種排斥原理主義者の考えは笑止というほかはない。まさに遺伝子汚染の産物に他ならない自分たちを棚上げにして、ニホンザルとタイワンザルの混血児は遺伝子汚染の産物なので、抹殺してしまえなどと、どの面下げて言っているのだろうね。

DNAをピンポイントで改変するゲノム編集の技術が、遺伝子工学の手法を画期的に変えたのも、近年のビッグニュースである。ゲノム編集は難病の治療に大きな光明をもたらすことが期待されていると同時に、ヒトの生殖系列に介入して、重大なリスクをもたらす可能性があり、懸念を示す生物学者は多い。

現に、中国の科学者がゲノム編集ベビーを作ったというニュースが伝わってきて、懸念は現実のものになりつつある。しかし、ひとたび発明された技術は良いことにも悪いことにも使われるというのは科学技術史が我々に教える教訓でもある。倫理は技術を変えないが、技術は倫理を変えるのだ。もうしばらくすれば、ゲノム編集ベビーは普通のことになるだろう。人類が幸福になるのか、不幸になるのか、それは知らないけれどね。

二〇一九年一月　寒さが身に沁《し》みる高尾《たかお》の寓居《ぐうきょ》にて

池田清彦

本書は、二〇〇三年九月に小社より刊行された『初歩から学ぶ生物学』（角川選書）を、加筆・修正のうえ文庫化したものです。

初《しょ》歩《ほ》から学《まな》ぶ生《せい》物《ぶつ》学《がく》

池《いけ》田《だ》清《きよ》彦《ひこ》

平成31年 3月25日　初版発行
令和6年 11月25日　8版発行

発行者●山下直久

発行●株式会社KADOKAWA
〒102-8177　東京都千代田区富士見2-13-3
電話　0570-002-301(ナビダイヤル)

角川文庫 21528

印刷所●株式会社KADOKAWA
製本所●株式会社KADOKAWA

表紙画●和田三造

●お問い合わせ
https://www.kadokawa.co.jp/（「お問い合わせ」へお進みください）
※内容によっては、お答えできない場合があります。
※サポートは日本国内のみとさせていただきます。
※Japanese text only

ISBN 978-4-04-400398-2　C0145

角川文庫発刊に際して

角川源義

第二次世界大戦の敗北は、軍事力の敗北であった以上に、私たちの若い文化力の敗退であった。私たちの文化が戦争に対して如何に無力であり、単なるあだ花に過ぎなかったかを、私たちは身を以て体験し痛感した。西洋近代文化の摂取にとって、明治以後八十年の歳月は決して短かすぎたとは言えない。にもかかわらず、近代文化の伝統を確立し、自由な批判と柔軟な良識に富む文化層として自らを形成することに私たちは失敗して来た。そしてこれは、各層への文化の普及滲透を任務とする出版人の責任でもあった。

一九四五年以来、私たちは再び振出しに戻り、第一歩から踏み出すことを余儀なくされた。これは大きな不幸ではあるが、反面、これまでの混沌・未熟・歪曲の中にあった我が国の文化に秩序と確たる基礎を齎らすためには絶好の機会でもある。角川書店は、このような祖国の文化的危機にあたり、微力をも顧みず再建の礎石たるべき抱負と決意とをもって出発したが、ここに創立以来の念願を果すべく角川文庫を発刊する。これまで刊行されたあらゆる全集叢書文庫類の長所と短所とを検討し、古今東西の不朽の典籍を、良心的編集のもとに、廉価に、そして書架にふさわしい美本として、多くのひとびとに提供しようとする。しかし私たちは徒らに百科全書的な知識のジレッタントを作ることを目的とせず、あくまで祖国の文化に秩序と再建への道を示し、この文庫を角川書店の栄ある事業として、今後永久に継続発展せしめ、学芸と教養との殿堂として大成せんことを期したい。多くの読書子の愛情ある忠言と支持とによって、この希望と抱負とを完遂せしめられんことを願う。

一九四九年五月三日